景观场地平整原则

Landscape Site Grading Principles: Grading with Design in Mind

平整与设计

[美] 布鲁斯・沙基（Bruce G. Sharky） 著

倪锦兰 译

電子工業出版社

Publishing House of Electronics Industry

北京・BEIJING

Landscape Site Grading Principles: Grading with Design in Mind by Bruce G. Sharky
978-1-118-66872-6

版权贸易合同登记号　图字：01-2019-2184

图书在版编目（CIP）数据

景观场地平整原则：平整与设计/（美）布鲁斯·沙基（Bruce G. Sharky）著；倪锦兰译.
—北京：电子工业出版社，2020.7
书名原文：Landscape Site Grading Principles: Grading with Design in Mind
ISBN 978-7-121-38798-2

Ⅰ.①景…　Ⅱ.①布…　②倪…　Ⅲ.①场地－景观设计　Ⅳ.①TU983

中国版本图书馆CIP数据核字（2020）第047058号

书　　名：景观场地平整原则：平整与设计
作　　者：［美］布鲁斯·沙基（Bruce G. Sharky）

责任编辑：郑志宁　特约编辑：田学清
印　　刷：三河市良远印务有限公司
装　　订：三河市良远印务有限公司
出版发行：电子工业出版社
　　　　　北京市海淀区万寿路173信箱　　邮编：100036
开　　本：787×980　1/16　　印张：18.5　　字数：232千字
版　　次：2020年7月第1版
印　　次：2020年7月第1次印刷
定　　价：98.00元

凡所购买电子工业出版社图书有缺损问题，请向购买书店调换。若书店售缺，请与本社发行部联系，联系及邮购电话：（010）88254888，88258888。
质量投诉请发邮件至zlts@phei.com.cn，盗版侵权举报请发邮件至dbqq@phei.com.cn。
本书咨询联系方式：（010）88254210，influence@phei.com.cn，微信号：yingxianglibook。

前言

本书贯彻新思路，教授设计师如何从视觉上直观地思考和学习场地平整。场地平整的知识与技术是景观设计师和其他专业设计师必须掌握的内容。场地平整能力是获得从事景观设计专业资质的关键。场地平整设计不仅要解决实际问题和满足各种设计标准，还要创造出有利于体现整体美学概念和建筑设计概念的地形。本书为学生提供了必要的背景、知识、解决问题的技巧，以便学生能够设计出符合各种设计标准（如满足公共卫生、安全和福利等设计标准）的方案。

主流的讲述场地平整的书籍大多是从工程学的角度出发的，而本书采用的是直观的方法，能够更好地满足视觉学习者的要求。通过将文字与示例图表及日常拍摄的景观实例图片结合，学生不仅可以从视觉上直观地学习场地平整原则，还可以通过实践，更好地理解场地平整原则。

我一直以来，致力于寻求更有效的场地平整的教学方法。我发现，当我采用实践的方法时，学生能更好地理解平整原则。例如，当我放下粉笔和学生一起走到校园里，在操场上、墙上或其他表面上画出假想的等高线和独立高程点时，能帮助学生直观地理解书本上难以消化的知识。我也用过幻灯片演示，但这种可视化的方法不一定能帮助学生把我所描述的内容应用到他们的作业中，即如何操作实际的等高线和计算独立高程点。虽然很多学生不把场地平整或相关的技术课程看作设计课，但实际上，场地平整是一门设计课，和其他景观设计一样直观。虽然场地平整没有涉及一定的计算机绘图，很多学生无法立即看到他们通过计算独立高程点或重新绘制等高线所得到的结果，但通过本书，教师们能够帮助学生轻而易举地了解平整原则和解决方法，使他们能够在成功地解决平整问题的同时顾及美学方面的解决办法。

场地平整教学不停地演变着，教学安排也会随之变化，这体现了设计专业和专业实践变化的本质。场地平整一直是景观设计和建筑设计课程的技术流的独立学科。这种现象虽然很可能会一直延续，但是有越来越多的人考虑将场地平整和工作室设计结合在一起。本书的目的就是通过强调场地平整的设计属性，促使场地平整和设计更好地融合。

我意识到，学习景观设计或其他相关专业的学生具有的学术储备和人生经验在一定程度上都受计算机和其他技术的影响。在高中或大学校园中，我们会发现，大多数穿梭于校园或坐在朋友中间的学生在低着头发信息或进行互联网搜索。当今大学生在进入大学之前已经熟练地掌握了计算机操作，他们希望用计算机完成作业，包括景观设计和技术课程方面的作业。很多学生虽然精通计算机，但是对物质世界的运行并没有完全掌握，特别是对物质世界的规模比例、物质材料和规格尺寸的概念并不熟悉。当然，这种情况并不会发生在所有人身上。在技术课程如场地平整课程中，给予学生物质材料的实践经验是很重要的。本书尽可能提供实践的物质元素来服务于所有学生。通过将日常景观设计所拍摄的图片配合文字讲解，希望帮助学生更好地理解并掌握景观平整的概念。

本书不仅可以让学生掌握场地平整原则，还能让学生理解这门技术的设计理念。本书将采用以下方法：①呈现场地平整原则和必要的知识；②采用各种可视化图片帮助学生理解书中的内容；③利用循序渐进的例子帮助学生解决各种类型的场地平整问题。本书还包括专业的平整实例，以帮助学生更好地理解各种原则在不同场景中的应用。

本书前半部分的内容是在某些预备课中教授过的，这些内容是学习场地平整的必要部分，但是在实际的课程安排中被人们逐渐移除了。前几章的背景知识给学生提供了必要的专业知识和背景介绍，有利于帮助学生理解场地平整是设计工程的重要组成部分。

虽然写作是一项孤独的劳动，但即使是独立的作者也要致谢很多人的特殊贡献。首先，我要感谢我的“老师们”——那些选修我的课的学生，从他们那里，我学到了很多。毫无疑问，我要特别感谢我的研究生助手——莎拉·泽伦纳克。她全心全意且熟练地帮我把那些粗略的表格、图片，还有很多图片的标记改成适合出版的形式。对图表进行专业的修饰，使得本书能通过可靠的图表传递书中的概念。

来自约翰·威立出版公司的玛格丽特·卡明斯阅读完本书的初稿后看到了本书的潜力，在我撰写本书的过程中提出了很多宝贵的意见，她的助手迈克尔·纽解答了我在撰写过程中遇到的问题。还要感谢罗伯特·莱许景观学院院长布拉德利·坎特雷尔教授，是他给我分派了研究生助手，帮我整理图片。罗伯特·莱许景观学院前任院长范·考克斯也分派了研究生李佳帮我整理了我在前期研究时手绘的表格和图。莎拉和李佳都是非常优秀的学生，我非常乐意在她们以后从事专业工作时推荐她们。

我还要感谢以下提到的景观设计公司和个人，他们给我提供了很多工程实践中的重要的场地平整的实例。感谢所有公司及其人员的贡献，特别是他们提供的实例能够给学生们带来很多灵感。

来自里德・希尔德布兰德景观设计公司的道格・里德和亚历克斯・斯特拉德

来自欧林景观事务所的萨哈尔・科斯顿・哈代

来自RHAA景观设计公司的泰根・霍利

来自MVVA景观事务所的伊莎贝拉・里亚诺

来自迪林厄姆事务所的里德・迪林厄姆

来自设计工作坊的戴尔・霍赫纳和库尔特・卡尔博森

来自SWA集团的瑞特・伦特罗普

来自户外工作室的塔里・阿特本

来自MRWM（莫罗・马龙・威尔金森・米勒有限公司）的罗伯特・洛夫蒂斯

来自瑞克景观事务所的珍妮弗・哈伯特

萨迪克・阿图克教授授权我在书中引用他的原始材料；路易斯安那州立大学艺术设计学院IT分析师马歇尔・罗伊帮我解决了复杂的计算机文件和软件问题；摄影工作室的凯文・达菲帮我建立了地图翻拍照片库；在此向他们表示感谢。我还要感谢两个给予我灵感的人：跨交际课程工作室的文森特・克莱奇和路易斯安那州立大学景观学院的迈克尔・皮茨教授。也许迈克尔・皮茨教授自己都不知道他写的建筑书籍中关于可持续性设计的内容给了我很多灵感。书中不可避免地有很多删减，对此，我表示歉意，更表示感谢。虽然您写作的内容没有更多地出现在书中，但我还是表示真挚的谢意。

在本书中我自己绘制的图片、表格、图像都已进行了标注。第三方提供的图片、设计和其他图像均标明了出处。

最后，我要感谢我的妻子——罗拉。因为她，我的工作才能实现，虽然我尽力履行家庭中的一些责任，但是由于写作，我整天盯着计算机，无法陪她度过我们常规的暑假旅行。如果没有她的鼓励和包容，我是不可能完成这本书的写作的。

书中提到的英制单位（如英尺、英寸、平方英尺等）与米制单位的换算见附录A。

目 录

4 第四章　制图规范

5 第五章　什么是比例？比例为什么重要？比例如何使用？

马加里奥·加西亚

布法罗河湾

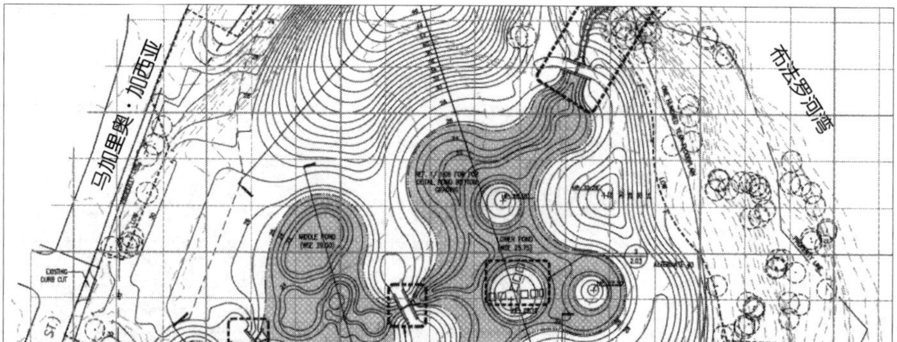

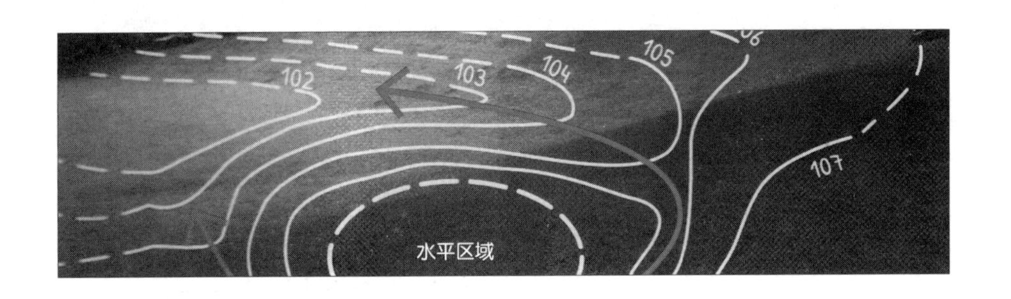

6 第六章　你的位置

7 第七章　等高线

A
B

11

第十一章　等高线的使用：设计与地形创造

12

第十二章　基本解决方案

14 第十四章 雨水和地表排水管理

15 第十五章 采用等高线法计算土方量

16 第十六章 专业的场地平整设计实例

1

第一章 场地平整的背景知识

场地平整与设计

充满灵感的景观设计至少包括一个重要因素：灵性的平整设计。很多设计师认为场地平整是很多成功的景观设计的基础。本教材的目的是呈现平整方法，让学生不仅能掌握景观平整的概念，还能获得实用和美观的场地平整和排水的解决方法。阅读此书的学生会感受到场地平整是场地设计不可分割的一部分。学生不仅要在设计时考虑设计问题，还要在场地平整的课堂上运用设计思想。像熬夜努力设计出令人兴奋、充满灵感的作品一样，学生也应该给予场地平整课程同样的激情。

自古以来，文化影响着当地景观，以便文化活动的进行和延续。原居住在新墨西哥班德利尔国家纪念区的人们发现这里适合居住和耕种（见图1.1A）。为了适应这里，他们就要做一些地理改造，以适应生存。有时是大的改造，而有时并不需要什么变化。然而，对于纽约曼哈顿高入住率的泪珠公园，为了获得奖项，设计师的设计（见图1.1B）要对现有的土地做重大的改造。这两幅图的地形看起来非常自然，即看起来没有很大的变化，实际上，它们进行了很多场地平整设计。

图1.1A和图1.1B体现了场地平整适应人类活动的应用。看起来很平坦的草地实际上经历了很复杂的场地平整设计，其中有很多不显眼的坡度可以促进排水。这片草地还要求有复杂的土壤储备和地下排水系统，这样才能够满足拥挤的居住人群的需求。

图1.1A 新墨西哥班德利尔国家纪念区

图1.1B 纽约泪珠公园

场地平整是专业景观设计中不可分割的一部分，如高尔夫场地、滑冰场和室外活动场地（见图1.2A、图1.2B、图1.3A、图1.3B）都需要详细和令人在美学上感到愉悦的地形。场地平整除了具有专业性，还是一门艺术。

图1.2A 纽约布莱恩公园的清晨

图1.2B 纽约布莱恩公园的下午

图1.3A 位于新墨西哥州阿尔伯克基的阿拉莫萨滑板公园

图1.3B 位于加州旧金山的斯特恩・格罗夫广场

让我们开始吧

很久以前，我收到了一枚圆形的金属徽章（见图1.4），上面写着“设计的时代”。我早已忘记这枚徽章是谁给我的或哪个组织颁发的。在过去的几年中，每次在开始介绍场地平整课程的时候，我都会佩戴这枚徽章。我发现学生普遍认为场地平整和设计没有什么关系，至少在课程开始的时候这么认为。

在他们的印象中，设计室中的工作才和设计有关，而场地平整只与数学有关。当他们来上课的时候，不会考虑设计。他们做平整练习和项目的时候，会完全忘记在设计室中学到的东西。在每次课程开始的时候，我都会努力地向他们强调设计的重要性，通过口头解释或给他们看一些实例，来证明要想做出有创造力、功能合适、能够使人产生共鸣的景观设计，场地平整是最根本的要求。设计贯穿于平整和土地的重整中。

平整在设计中的重要性

学生都知道在课程安排中设计的必要性和重要性，他们也会花大量的时间，甚至是熬夜去完成设计工作。有时在他们即将交设计作业的时候，他们甚至会在我的场地平整课上去完成。我努力想办法让设计专业的学生了解和相信在他们的学习生涯中场地平整是很重要的，因为他们毕业后在早期的职业生涯中会很快意识到这一点。

我曾经思考了很多，为什么场地平整的重要性会排在设计学科和其他学科之后。我找到了一些可能的解释。大多数设计专业的学生是直观的视觉学习者，但是场地平整的教材并没有提供直观的学习方法。现有的教材采用非直观的方法呈现材料，这种方式只使用学生的左脑，让学生认为场地平整只是用来解决问题、学习应用数学的工程式。另一个我觉得说得通的解释就是学生并不了解成为一个全能的、专业的景观设计师意味着什么。所以在课程介绍中，非常有必要强调场地平整在学业背景和专业

图1.4 平整设计是杰出的项目设计产生的基础

实践中的重要性。学生要理解场地平整不是辅助设计的，而是设计的关键部分，且主导设计进程，贯穿从绘图准备直到建筑物的完成这一整个过程。场地平整是设计概念得以完成的基础。由于场地平整的潜力，所以在课程介绍中，场地平整被看作一种设计活动。与设计一样，场地平整是重复和反复的过程，不是直线形的过程。除此之外，学生应该把场地平整看作设计的框架。解决场地平整问题和解决设计问题一样，是建立在学生掌握和了解整套知识体系的基础上的。另一个与设计相似的地方是场地平整要求学生掌握表现性的绘图技巧，以便清楚地表达设计意图和解决问题。最后我要提醒学生，要想成为专业人士，必须通过景观设计师认证考试（由各州主管的国家考试），不仅包括设计和规划方面的考试，还包括与场地平整、排水实践、历史、植被有关的考试，以及某些州的特殊考试。①

场地平整一直是景观设计和类似学科的技术流的独立学科。这种现象虽然很可能会一直延续，但是越来越多的人考虑将场地平整和工作室设计流程相结合。撰写此书的目的是通过强调场地平整的设计性，将材料图片和文本相结合，使场地平整和设计更好地融合。在如何处理文本内容方面，我意识到学生具有一定的学科知识储备，如他们具有计算机或其他技术方面的生活经验。

一图胜千言

在高中或大学校园，我们会发现大多数穿梭于校园或坐在朋友中间的学生都是低着头发信息或进行网络搜索，手指飞速地运行。如今大学生在进入大

① 很多州要求从业人员不仅通过景观设计认证考试，还必须通过这些州要求的特殊知识和能力考试。比如，阿拉斯加州要求从业人员具备处理北极工程的能力；再比如，加州和一些南部州要求从业人员会处理干旱条件下的水管理和植被选择。

图1.5A　在实景中绘制等高线

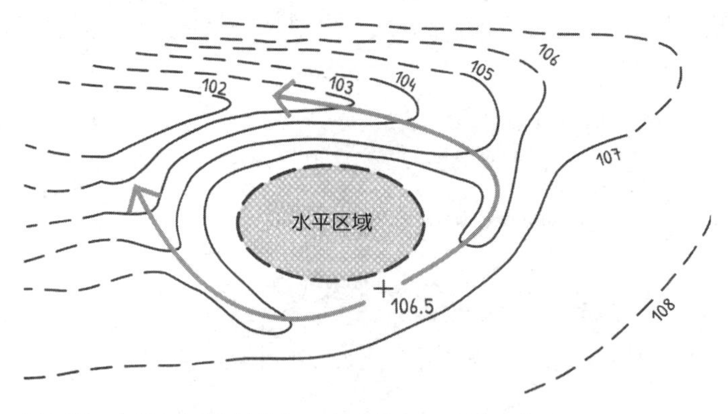

图1.5B　在没有实物图的情况下，等高线在平面图中的表现

学之前就已经熟练掌握了计算机操作，他们期望用计算机完成作业，包括景观设计技术课程的作业。很多学生虽然精通计算机，但是对物质世界的特征并没有完全掌握，特别是对物质世界的规模比例、物质材料和规格尺寸的概念不熟悉。当然，这并不是指所有人。在技术课程如场地平整中，为学生讲解物质材料的实践经验是很重要的。本书提供实践的物质元素来服务所有学生。将在日常景观设计过程中所拍摄的图片结合文字进行讲解，能帮助学生更好地理解和掌握景观平整的概念（见图1.5A和图1.5B）。

图1.5A和图1.5B是本书中讨论的典型示意图。图1.5A所示是一片波浪形的、画有假想的等高线的草地。图1.5B所示是同一块地方可能会出现在场地平整设计中的等高线。图片中附加的信息是描述性的，可以帮助学生更直观地了解信息。图1.5A所示并不是真实的地点或某个具体场地的等高线。

基本掌握场地平整概念

本章的目的是通过更简易、更直观的方法为景观设计专业的学生或其他艺术设计专业和平整排水专业的学生提供必要的技术材料，使学生掌握和精通场地平整所需要的材料，能解决简单或复杂的场地平整和排水问题。为了达到这一目标，我们强调通过直观的方法学习和了解，而不是通过数学计算的方法。设计专业的主要教育方法是强调直观地解决问题，该方法也适用于场地平整和排水专业。如果学生相信我那枚徽章所传递的信息，即“设计的时代”，那么用直观的方法学习场地平整是可行的。学生能轻而易举地知道场地平整和设计的相似性，这便是我的愿望和这本书的根本目标。

图1.6 ~ 图1.8呈现的是公园中的场地平整与设计共存。在这三个项目中，场地平整促成了项目的成功。它们成为城市人民消遣和休憩的好去处。

场地平整越来越重要，特别是在专门区域和新兴区域。例如，如图1.9所示的新墨西哥州阿尔布开克的一个滑板公园是这种类型的流行趋势的代表。场

图1.6 纽约布鲁克林大桥公园
图片来自迈克尔·范·瓦肯伯格景观设计事务所

图1.7 凤凰城水上公园
图片由克里斯蒂娜. E. 坦恩·艾克景观设计师提供

图1.8 加州旧金山卢卡斯影业的莱特曼数码艺术中心校园
图片由劳伦斯·哈普林景观设计师提供

图1.9 新墨西哥州阿尔布开克滑板公园
图片由莫罗·里尔顿·威尔金森·米勒景观设计师提供

地平整是休闲场所设计的基础。成功的高尔夫场地设计——对于高尔夫球员具有挑战性的设计——都是很缜密的场地设计的结果。所有运动场所要求可靠的平整场地，这不仅是运动的需要，也能保证场所的维护。

本书是景观专业、建筑专业、园艺学、景观建设专业的场地平整的入门书籍，也是社区大学、技术学院等设立的两年课程用书；本书还可以作为景观设计平整入门课程或其他必修课的补充。

关于场地平整，你必须了解什么

场地平整设计不仅要解决实际问题，使地形符合政府的各项标准，还要创造出能促使整体景观设计或建筑设计理念实现的地形。本书为学生提供了场地平整设计必需的背景知识和解决问题的技巧，满足了专业设计人员的需求。

关于场地平整，我们必须知道以下内容。

1. 熟悉制图规范和建筑与工程比例的使用。
2. 能够看懂地形图，能够辨别各种地形特征，如山脉、峡谷、陡峭或平坦的地形和排水方式。除此之外，学生必须会测量地形图上每个点的高度和辨别地形特征。
3. 通过地形图或土地测量员提供的等高线，能想象出三维地形。
4. 在指定或策划斜坡上建造铺筑层、路径和建设项目。
5. 能够操作（改变或修改）等高线创造预想的地形和斜坡面，还能够通过等高线的改变实现水流引流，避免水流流向建筑物的入口。
6. 能够在平面图或剖面图上确定高程点。
7. 能够计算出在一个工程场地内需要搬运的土方量，并确定需要运到或运离工程场地的泥土或其他土壤和岩石材料的体积。
8. 能够按照绘制标准预备（绘制）平整平面图，以便让承包商知道如何建造。平整平面图必须确保细节和准确性，使承包商可以放心地准备图纸和估算其他合同文件规定的所需工作的成本。
9. 熟悉和理解与场地平整相关的各种设计标准和法律要求。知识库包括各种项目元素的最小和最大坡度的功能设计要求，如娱乐场、停车场和流通区，以及残障人士通道（行动和其他身体残疾人士的标准）。
10. 能够在项目预算约束下开发出符合客户需求的平整方案。
11. 能够制订符合公共卫生、安全和福利设计标准的平整方案，即平整方案能限制和减少身体伤害等公共伤害的机会。

上述11点对于刚开始上场地平整入门课的学生来说可能显得有些“恐怖”。

通过学术准备、实习及其他形式的专业实践，学生能够掌握景观设计师所需要的知识和技能。学生应从基础开始，循序渐进地学习必要的知识、技能和工具的使用方法，以面对日益复杂和具有挑战性的场地平整问题。

首先，学生的平整设计[②]（解决）能力的培养在于能够看懂地形图，包括理解比例和了解高程点及网格数据等的测量参照框架。其次，学生需要学习等高线、高程点和坡度的原理，以及设计场地平整方案。再次，学生应该学习如何交替使用各种平整方法，使用和操作等高线，以及计算高程点，以创建景观平整解决方案。最后，学生应该学习和遵循必要的图形惯例来准备平整平面图，为承包商提供指导。平整平面图和相应文档是景观设计师传达设计意图的工具，承包商期望按照平整平面图和相应文档中的说明来进行建造工作。

专业之间的关系

场地平整方案设计涉及许多学科间的合作。典型的顾问团队可能包括景观设计师、土木工程师、土地测量师、建筑师、岩土工程师、结构工程师和电气工程师。专业的土地测量师负责现场勘测，其结果将作为大部分工程场地平整工作的基础。土地测量师提供的基础图纸说明了现有地形的条件，它至少包括以下内容。

- 产权线、限制物权、地役权；
- 大的树木和其他显著植被；

② 学生的平整作业通常使用“解决”这个词，这个词暗示了数学公式的使用，这也可以说明为什么学生很容易把平整设计与工作室设计区别对待。“设计”作为动词，常用来表示解决问题。解决场地平整和排水问题必须使用数字和采用数据计算，而设计方案却不一定。因此，我们应该要求学生制订平整作业设计方案，而不是“解决”。

- 地形；
- 结构；
- 客户或项目的主要顾问要求标出的现场的其他物理特征。

景观设计师、土木工程师或两者合作编制场地平整方案，两者具体如何合作因项目而异。通常景观设计师制作项目的原理图和设计开发阶段需要准备的初步的场地平整方案。景观设计师先准备一个初步的场地设计，然后制订初步的场地平整方案。这些方案是景观场地平整的基础，包括地形、斜坡、人工景观区和结构的制高高程。土木工程师可以接手雨水处理系统的设计，主要包括通过计算径流和渗流确定下水道井盖和地下管道系统的尺寸及排水管道的尺寸。土木工程师还可以对道路和停车场进行最终的场地平整设计。“加盖戳记”③代表着个人或公司对施工文件的准确性和各州规定的健康、安全和福利问题负责。

图1.10所示是方案设计图，其中场地平整是设计的一个重要元素。该平面图已列入提交给客户的审查包中，并在公开会议中通报给公园利益相关者。

本书的基本结构

本书的主要内容为场地平整，为直观学习者介绍景观场地平整原则。前几章是一些背景介绍。越来越多的大学校园的景观建筑和相关的设计方案已经将重点从模拟表现转向数字表现，本书前几章介绍的大部分材料已退出主流设计课程。例如，制图曾经是一门独立的学科，现在它和文件条例已被大部分学校

③ “加盖戳记”是指按照各州许可证法规定，为准备各种施工文件所需的专业许可和准则。通过盖章或签署技术方案，印章所代表的个人或公司对施工文件的准确性和各州规定的健康、安全和福利问题负责。

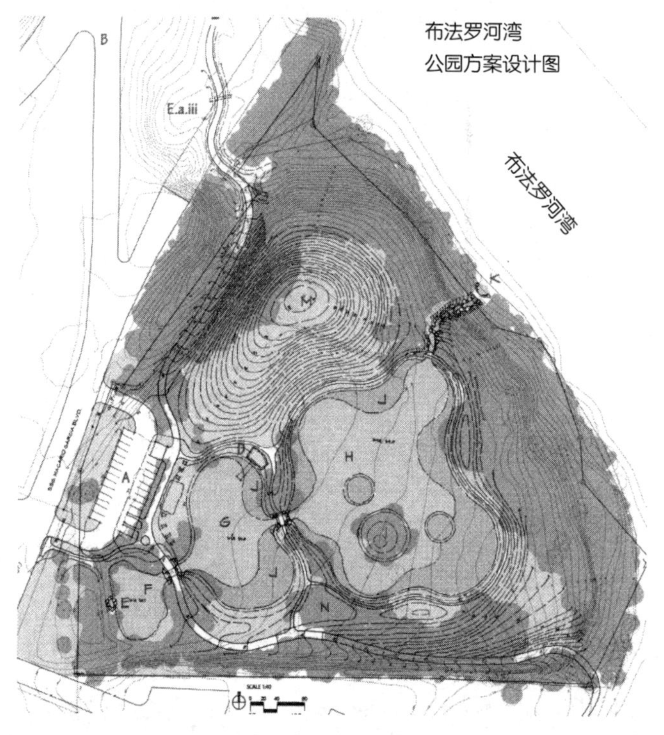

图1.10 美国布法罗河湾公园 休斯敦 得克萨斯州
图片来自SWA集团

纳入技术或早期设计课程。曾经作为独立的必修科目，地图阅读、制图和土地测量已经被合并到其他课程中，并且大部分只是简单地提到。但是，在考虑这本书的内容时，我认为这些内容仍然很重要，应包括对制图或文件条例、地图阅读和土地测量等学科的基本介绍，以便更好地为学生介绍场地平整原则。学生将增加自身对于这三个主题知识的理解，满足实习要求，提高自己的能力，并将其作为自身专业发展的一部分。避免冗余是第四章讨论的原则之一，除此之外，这一章还讨论了绘图和文件条例。读者可能会注意到，我不只在一个章节中提到了这些内容，这似乎违反了避免冗余的原则。然而，当这种情况发生时，我只是努力地做到知识的连贯性，相关学科之间交叉重复是有必要的。

那我们就开始吧。

2

第二章 场地平整与法律规定

本章内容

- 场地平整与其重要性
- 场地平整的实用性和审美考虑
- 场地平整如何避免和减少各种斜坡崩塌问题或区域积水问题
- 景观设计师、建筑师和土木工程师在团队或企业合作中的关系
- 场地平整在取得专业资质中的必要性

什么是场地平整

场地平整涉及一整套技术工艺和知识体系，两者都用于指导设计师如何对场地原有的地形进行改造，满足功能目标和适应项目的要求。场地平整就是给土地做雕塑，利用地形学作为媒介来完成令人满意的三维立体效果。雕塑家会使用黏土、蜡或其他材料创造三维立体形式。景观设计师进行作品设计时，开

始时用的材料或工具也可能是黏土，但是不管用什么材料，他们的三维探索最终会回归于二维：带标注的线条。为了保证准确的坡度和高度，这些线和标注需要运用数学计算，但这并不意味着不需要美学和设计。

回答“什么是场地平整”或“场地平整的目的”，可以从以下四点内容出发。

1. 场地平整是对原有的地形进行改造以适应某个项目（如运动场或停车场）或建筑（如住房、教学楼、轨道、道路）的需要。图2.1中的人行道和景观的建造主要依赖场地平整。不管工程规模有多大，大到几百亩（住宅小区），小到半亩（儿童的游乐场）或400平方英尺的庭院，场地平整都是不可缺少的。

图2.1 加州洛杉矶格莱德公园，公园提供无障碍通道
图片来自里奥·克莱门提·黑尔工作室

2. 场地平整不仅是为了某个项目或某个设施，还是为了改善表面积水问题。表面积水可以再利用，如灌溉、过滤到地下蓄水层，而大部分水会流向专门处理雨水的系统，如图2.2所示。

图2.2 亚利桑那州凤凰城一处用来引流地表水到蓄水层的洼地

3. 场地平整和地形改造可以满足审美要求，帮助实现户外部分的整体设计主题。户外部分的设计包括植物、墙、水的特色和人造景观设计，如图2.3所示。

4. 场地平整和地形改造可以用于特别的目的，如水储存和管理或获得场地控制和站点安全。景观设计师设计的如图2.4所示的小湖用来灌溉、制造美景，也可以在炎热的天气为人们带来一丝清凉。

图2.3 位于加州旧金山的斯德尔·格罗夫音乐会草坪圆形剧场，场地平整使坡地具有了视觉吸引力和非正式的室外剧场座位

图片由劳伦斯·哈普林景观设计师提供

图2.4 墨西哥马利纳尔科某私人住宅小区

图片来自马里奥·谢特兰 墨西哥城市与环境设计事务所

避免景观设计中出现的平整问题

建筑师会仔细设计屋顶，避免漏水；景观设计师同样要仔细分析地形，制订场地平整方案，以免将来出现如图2.5A ~ 图2.5G所示的场地平整问题。图2.5H所示是设计恰到好处的停车场，表面积水流到下水道中。如图2.5A ~ 图2.5G所示的问题和建筑上出现的漏水的屋顶一样，是由于场地平整方案考虑不周造成的，如相对于土壤条件，坡度太大了；交通使用不当，高于预期的交通流量或积水处理不当。如图2.5C ~ 图2.5E所示问题的原因是：在建设过程中没有适当压紧造成底土不足、底部材料使用不当或两者都有。场地平整设计和材料的选择及应用都在场地平整范围之内。场地平整的设计意图体现在技术绘图（平整规划图、剖面图、细节图）和技术规范中。

场地平整中应该避免的问题

图2.5A 路面积水的原因可能是地面沉降或邻近地区新路面造成了水流增加

图2.5B 路面积水的原因可能是平整不彻底或之后发生了地面沉降

图2.5C 土壤侵蚀后缺少地面维护，加剧了引水渠道的损坏

图2.5D 附近停车场的水流集中化造成了植被维护不善的斜坡发生了土壤腐蚀

图2.5E 底基层不好，导致铺面损坏

图2.5F 踩踏造成了斜坡土壤腐蚀

图2.5G 小心被水淹。通常，停车场中出现的排水问题都是由于设计不好而造成的，将停车场建在更高的地面或远离水流的地面就可以避免这个问题

图2.5H 精心设计和进行场地平整，使水流流向它该去的地方：下水道

景观建筑专业业务中的场地平整

场地平整过程属于景观建筑实践的一部分。在团队中，景观建筑从业者和其他土木工程及建筑从业者设计与监督环境建设。景观建筑可能是办公室或校园综合楼，区域公园或动物园，个人住所或小区住所，公共设施（如图书馆或

博物馆）或湿地恢复项目。无论是独立工作还是和其他设计师顾问合作，景观设计师设计居住地、工作场所和休闲场所时，应包括环境恢复、挽救和资源管理等各种项目设计。涉及的规模可以是四分之一英亩土地，也可以是上万英亩土地。对建筑物外面的场地、道路或基础设施起主导作用的是景观设计师，他们负责场地平整、设计和管理。建筑师和景观设计师的重叠责任是极少的（因为景观设计师不具备设计大楼的资质，也没有受过相关的训练）。但是土木工程师的工作和景观设计师的工作的区别有时没有那么明显，因为重合的部分很多，所以在合作协商的时候会讨论如何定义和分配责任。例如，景观设计师会设定最初的建设高度和建筑物的设计、景观建筑和铺设面积的初步方案，然后完成专门的场地改进设计，如喷泉、池塘和室外用地。初步的场地平整设计还包括停车场的高度和建筑物附近区域的高度、景观和人造景观区域的初步排水设计。一旦初步工作完成后，景观设计师会准备进行具体项目的场地平整。土木工程师会准备最终的技术规划、路线和排水的基础设施。土木工程师与景观设计师之间的分工责任通常需要双方满意。景观设计师也可以为对方考虑，在项目的初期或施工设计阶段就解决一些不明确的问题，然后把细节准备转给土木工程师。一旦早期的主要设计由景观设计师解决了，土木工程师的建造过程就会更高效。

这并不是说景观设计师的作用就停留在设计的初期阶段。通常景观设计师同客户签订的合同包括整个项目平整要求的各个方面。通过教育、实习、专业实践和拿到从业执照，景观设计师可以解决任何情形下的平整问题。然而各州的执照法从行政上限制了设计专业人士的责任范围。例如，景观设计师可以独立负责125英亩的高尔夫球场，但如果其负责跨州的高速公路建设项目，他的责任范围就会有所限制。哪怕只是负责高速公路上的景观绿化场地平整项目或某个非道路项目（公路休息站）的特色设计，其责任范围都有严格限制。专业责任问题（包括专业设计、错误和遗漏保险）会限制景观设计师的参与。职业实践保险业务会影响设计工作和各个行业的责任问题。在实践中，一个项目的责任问题在合同签订阶段和实际工作开始前，就要互相协商和确定。整个项目成员一碰头就要开始协商责任问题，主要设计公司管理分配责任：是共同承担还是其他。

从事景观建筑的专业资质注册

景观建筑专业和其他相关专业的学生都要学习场地平整和排水课程。大学景观建筑专业的学生要获得和维持认证资格就要满足这项要求。为了成为有从业资格的景观设计师，其中一项要求是学员拥有认证的景观建筑学位，4年和5年本科学位或3年硕士学位。各州的景观设计师执照的注册法还可能有其他要求，包括跟随专业人士的实习年数。美国景观建筑专业资格评估委员会是在美国教育部门指导下授权成立的全国性委员会，它负责制定取得认证的要求和资格。通过一组指定的评定专家现场决定是否达到认证标准[①]，如表2.1所示。其中一项认证标准是景观建筑专业的课程计划（本科或硕士）必须包括场地平整和排水介绍，这个课程针对学生作业的评定规定了掌握平整和排水的水平。

① 认证标准包括以下科目：场地平整和景观技术、设计和规划、历史、种植品种和专业实践，这些科目还包括一系列的子科目。

表2.1 认证步骤

目　标	如何达到目标
能从事或能自称为景观设计师，可以以相应的工作获得报酬	1．通过景观设计师注册考试可以获得从业资质。景观设计师注册考试由景观建筑注册委员会组织并管理[②]，由各州颁发证书
参加景观设计师注册考试的资格	2．报考者必须满足以下要求： 2.1　拥有景观建筑认证学位； 2.2　满足跟随各种专业人士（景观设计师、建筑师或土木工程师）实习的最低年限； 2.3　无犯罪记录或其他违反法律规定的情况（如没有拒绝抚养子女的记录）

景观设计师注册考试所选择的问题和课程是为了测试报考者是否掌握了基本的知识、经验和能力，以做出保护健康、福利和公共安全的设计。也就是说，通过考试的报考者应具备相应的知识，不至于设计出一些损害个体和公众的作品。景观设计师注册考试测试报考者是否掌握了相应的设计标准、规划和土地使用要求，如建筑结构退缩尺度、车辆流通、国家与州的通行标准（残疾人法）和其他专业标准知识。换句话说，每个景观设计师都应该知道整套知识体系，包括规则和设计标准，也应该知道设计时如何应用相应的知识。初步的知识是从学校的课程中获得的，如场地平整、设计和专业实践；其他主要信息可以在实习和获得执业资格前，通过教师、专业导师、继续教育，以及其他有经验的人士获得。

② 景观设计师注册考试是由各州管理的全国性考试，但由景观建筑注册委员会组织。该考试包括以下几个部分：规划、设计、平整与排水、专业实践、历史及各州特别要求的其他科目。例如，阿拉斯加州要求通过北极工程项目，西部省份则测试灌水和植被选择，以应对干旱环境。

景观设计师注册考试测试的内容包括以下要素。

- 现有条件规划；
- 拆除与搬迁规划；
- 产地保护与保存规划（土壤、现有特色、现有走道、历史因素、植被）；
- 水土流失与泥沙控制规划；
- 布局与材料规划；
- 平整规划；
- 雨水管理。

通过考试且获得某个州认证的报考者想要在其他州执业，必须通过互助项目获得其他州的认证。在美国，从事景观建筑、工程、医学、法律、合同等职业需要取得各州的专业执照。在其他国家，只要通过全国性的考试，就可以在任何省份和地区执业。欧盟各成员国的规定很特别，毕业于欧盟某个成员国同等级大学的个人可以在欧盟各个国家执业。不同于美国，这些国家的法律与责任环境对专业学位的认证标准是统一的。在美国，联邦宪法承认各州对个人专业执照和相应法律具有管理权力。

3

第三章
场地规划与平整过程

本章内容

- 以专业服务合同为基础的设计过程
- 如何准备斜坡分析图
- 如何初步确定项目中各个要素的最佳位置
- “尽职调查”的意义和重要性：认证专业人员应有的表现

引言

场地平整是景观场地设计的重要组成部分，其准备工作在初步场地规划完之后开始，景观场地设计审批时需要审核场地平整的方案设计。景观场地设计应包括客户建议的全部工程项目要素，每个要素都应按照比例制图，方案图显示所有建筑的结构和占地面积、车流量和人流量、户外使用区域和景观区域，以及其他拟建项目。景观场地设计得到客户认可之后，初步场地规划需要进一步改进。首先需要确定的是，所批项目的地形能否容纳整个项目，建筑成本是否在工程预算之内。初步场地规划还规定了建筑物的高度、等级，非建筑物的斜坡，以及人行道和车行道、路面排水、挖填量的成本估算，这些估算决定了建筑的成本。初步场地规划（专业设计合同方案设计阶段）一旦被批准，项目设计团队就进入合同开发阶段，进行更细化的设计。在施工文件的后续阶段，项目设计团队会准备施工图纸、技术规范和其他合同投标文件。

设计过程

设计过程的第一步是先选择一家设计公司，如景观建筑公司，然后与该公司签订专业服务合同。专业服务合同明确了双方的责任、时间安排、可交付的成果和服务及赔偿问题。在方案图设计和开发阶段、施工文件和规范制定阶段、投标和最终施工管理阶段，设计人员的工作职责都有明确规定。本章将介绍设计师在整个设计过程中的任务。图3.1所示是项目设计流程图。

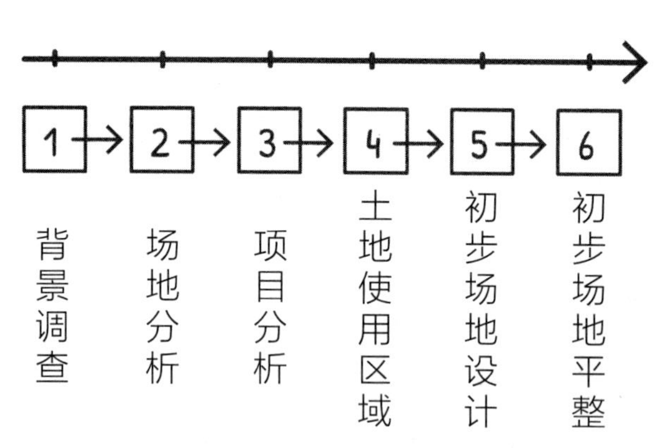

图3.1 项目设计流程图

项目设计步骤

第一步　背景调查

“尽职调查”是一个商业术语，包括明确法规、设计与安全标准及分区、许可和设计师理应熟悉的涉及某个具体工程或工程类型的其他政府规定。项目开始时需要研究相关规定，这是初始方案设计阶段制订项目计划的一部分。一般来说，专业的景观设计师或其他专业的设计服务供应商已经熟知这一过程，能够实施必要的背景调查。对于景观设计师来说，“尽职调查”包括如下几部分：①相关区域规划要求；②与健康、安全、公共福利或使用者福利相关的设计标准；③其他政府规定，如水质、管理实务和湿地要求。景观设计师需要在项目设计开始前进行背景调查和场地分析。

1. 背景调查包括项目场地产权描述的确认，如界址线、地役权、现场与场外的公共服务、道路权和其他与项目场地相关的产权问题。大多数背景调查都要与土地调查员或土地产权公司合作完成。土地所有者通常会提供产权描述，景观设计师确认产权描述或进行“尽职调查”要花费很多时间。美国地质勘探局的网格地图或土地调查员的地质调查报告可以提供地质信息。
2. 背景调查还包括法规审查，以确定相关项目场地或计划用途是否符合法律、法规、规则和规定。
3. 项目开始前需进一步进行背景调查，包括评估现有场地特征、条件、土壤、气候变化、太阳角度的图片资料。因为斜坡和场地设计有潜在的联系，并会对场地设计产生影响，所以景观设计师需要记录和估算斜坡的物理特征，如图3.2A所示。
4. 项目场地与其周围环境的航空照片（谷歌或其他产品）提供了周围环境的道路、建筑、森林覆盖、水文特征等信息，如图3.2所示。

图3.2A 景观设计师正在对项目场地进行实地调查，分析项目场地，核实文档记录中重要的物理特征和地标，确定项目场地的优势和劣势，用文字和图片记录

图3.2B 在地形图上标注野外检录

第二步　场地分析

场地分析综合考虑各种因素，用于确定各种项目（建筑物或其他构筑物）最佳地点的选址、访问与通行量、户外使用区域和景观区域、现场排水规划和其他项目要求。斜坡分析可以用于判断坡形，帮助现场工作人员平整地形。坡度可以通过等高线之间的距离判断。为了方便使用，根据等高线之间的距离划分区域和小组。等高线之间的距离很宽代表这个区域的坡度一般低于5%；等高线之间的距离稍近代表坡度为6%～10%或15%；等高线之间的距离很近表示地形陡峭，坡度为20%～25%；坡度大于25%的情况一般出现在山区，最大坡度可以达到50%、100%，甚至更陡峭。通过观察，设计师先对地形图进行分区，然后计算每个区域的平均坡度。

斜坡分析从地形图开始，如图3.3所示。

第一步观察地形图，根据等高线的密集程度分组。如图3.4所示的地形图分为A、B、C、D四个区域。A区域中等高线之间的距离比其他区域大；B区域中的等高线比A区域中的等高线稍微密集一点；C区域中的等高线比B区域中的等高线更密集；D区域中的等高线是最密集的，代表其地形最陡峭，坡度也最大。

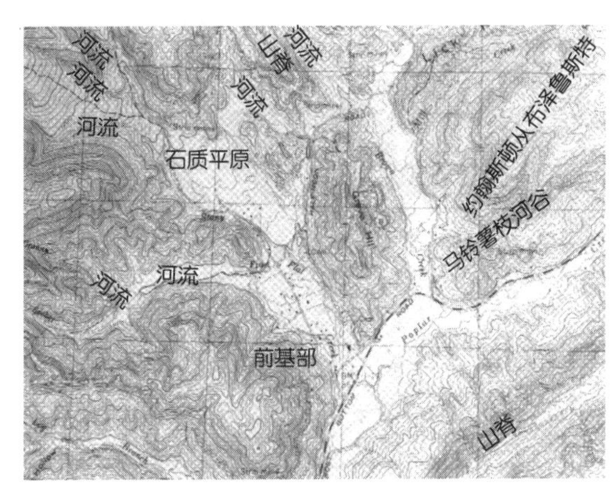

图3.3 地形图
图片来自美国地质勘探局

如图3.4所示的地形图中A区域的坡度为0% ~ 5%；D区域的坡度一般超过20%；B区域与C区域的坡度介于两者之间，B区域的坡度一般为5% ~ 10%，而C区域的坡度一般为10% ~ 20%。

图3.5所示是标注了斜坡坡度的实景图。图3.6A所示是实景图中另一种标注斜坡坡度的方法，其中三角形上的字母*S*表示斜坡坡度。由图3.6A可知，A区域的坡度最小，C区域的坡度最大。图3.6B所示为通过等高线的分布体现坡度不同的地形图。图3.6B中A区域的等高线分布比B区域和C区域的等高线分布分散很多，区域C的等高线相对密集，说明这个区域的地形比A区域和B区

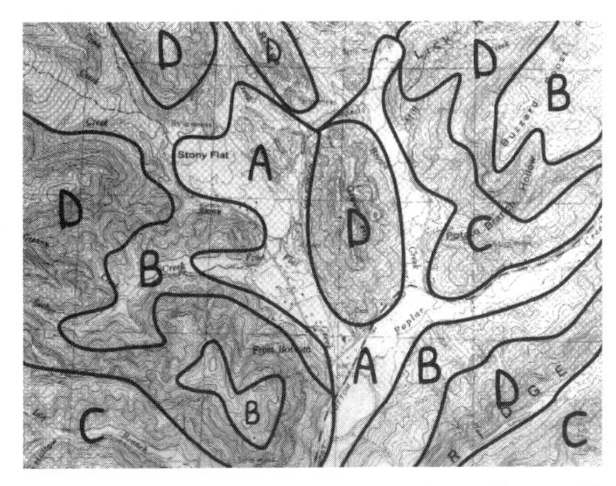

图3.4 地形图分为四个区域，从最缓坡度（A区域）到最陡坡度（D区域），B区域、C区域为中坡

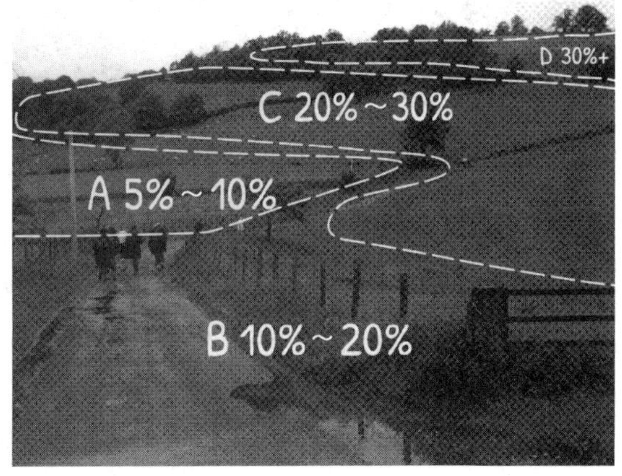

图3.5 四种不同坡度的实景图，其中A区域的坡度最缓，D区域的坡度是最陡的

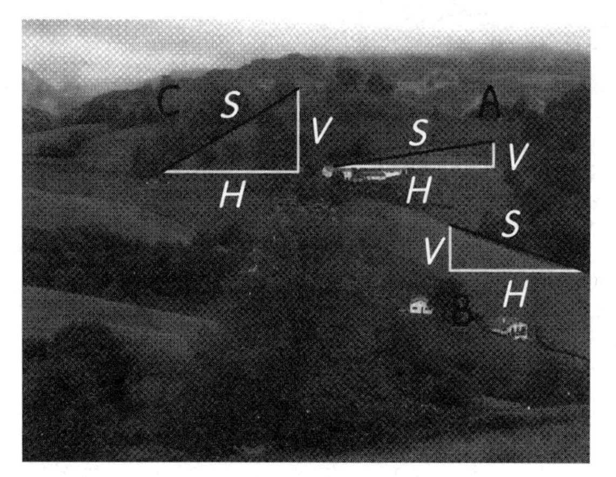

图3.6A 用三角形坡度体现的不同坡度的斜坡

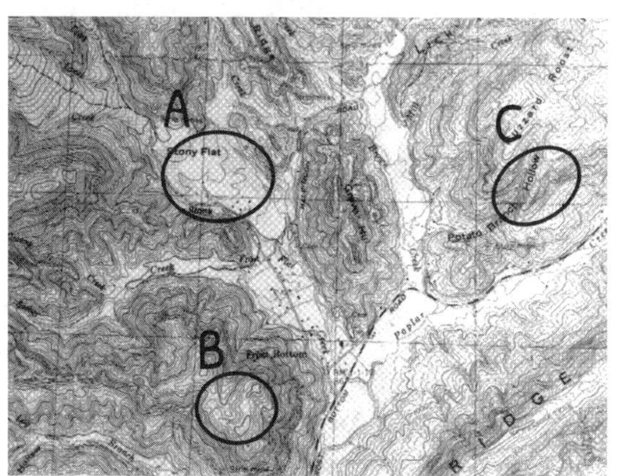

图3.6B 通过等高线的分布体现坡度不同的地形图

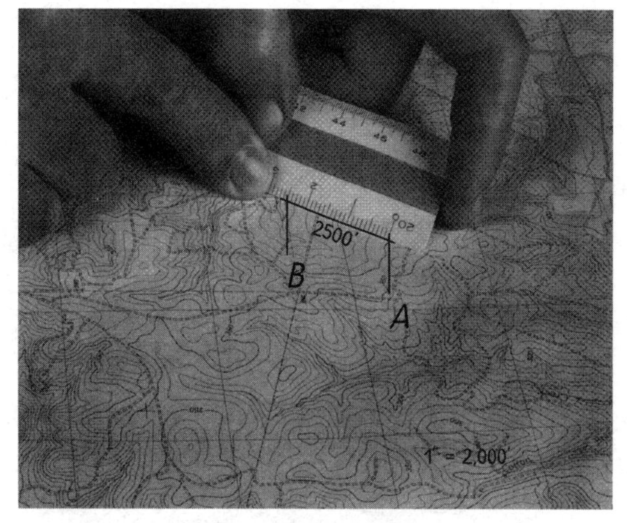

图3.7 使用工程师比例尺测量美国地质勘探局的地形图中点*A*和点*B*之间的水平距离（这张地图的比例是1：2000）

域的地形更陡峭。

为了确定每个区域（A、B、C、D）的坡度，需要测量地形图上的等高线间距。图3.7所示是如何利用工程师比例尺和地形图测量坡度。

如何测量如图3.7所示的美国地质勘探局的地形图中给定区域的平均坡度，其中该图的比例是1：2000。第五章将会讲述如何确定地形图中的比例。用刻度为20的工程师比例尺测量点*A*和*B*点之间的水平距离，0刻度在点*A*的350英尺等高线上，工程师比例尺上的2500英尺刻度在点*B*的300英尺等高线上，所以点*A*和点*B*之间的水平距离是2500英尺。计算等高线300与等高线350之间的坡度，采用公式$S=V/H$，坡度S

未知，V代表等高线300与等高线350之间的垂直距离（50英尺），它们之间的水平距离是2500英尺，坡度的计算过程如下：

$$S=V/H$$

$$S=50'/2500'$$

$$S=0.02\text{或}2\%$$

图3.8中的等高线之间的距离更近。采用同样的比例，工程师比例尺的0刻度在400英尺的等高线上，而工程师比例尺的1100英尺刻度在300英尺的等高线上。坡度的计算过程如下：

$$S=V/H$$

$$S=100'/1100'$$

$$S=0.1\text{或}10\%$$

图3.6B中圈出的部分代表三种不同的坡度，A区域代表比较平坦的区域，C区域代表陡峭的区域。考虑到地形的坡度，相比B区域与C区域，A区域稍加平整就可以作为运动场或停车场。B区域和C区域需要较大程度的平整，通过转移土方才能建造一个坡度柔和的运动场或停车场。相比C区域，A区域和B区域的汽车通道需要的平整力度较小。A区域和B区域适合于集群式住宅，且B区域的视野更好。宽阔的视

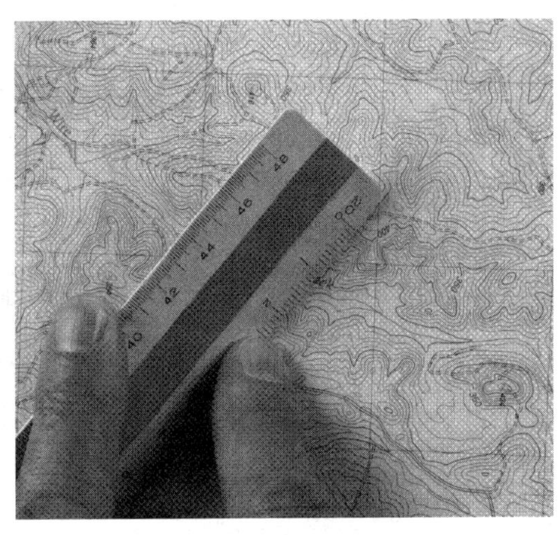

图3.8 使用工程师比例尺测得等高线300和等高线400之间的水平距离为1100英尺。这张地图的比例是1：2000

野可以提升房价，开发者的经济回报率更高。C区域适于低密度使用，如果要保持原有地形，可发展性有限。基于项目要求的发展，A区域和B区域更适合场地设计，可满足多样性的要求。C区域可能不会被使用，稍加平整可以作为流域保护区、步行区或低强度运动场地，如室外休闲区。

这里说的是在地形上如何分配土方，少平整（挖填）可以减少建设成本。通常足球场和停车场选址在坡度为3%～5%的地形上，也可以在更陡峭的地形上选址，如坡度为15%～20%的地形，甚至坡度更大的地形。但是，相比坡度为5%及以下的地形，这种地形平整成水平区域所需要的平整力度更大。

比较图3.9A与图3.9B，不同坡度的地形平整成操场需要挖填的程度不同。图3.9A所示是把操场置于坡度小（5%～10%）的地形上，图3.9B所示的地形坡度较大（10%～20%）。两种方案都可用图片表示，我们仔细观察图3.9可以看出，图3.9B所需要的挖填量可能是图3.9A的两倍。

图3.9 两种可供选择的方案，其中B方案需要的挖填量是A方案的两倍

斜坡分析实际上是为设计师提供了指导方向，使他们了解各种地形适合建造的项目。有时候也会有其他考虑，把项目放在不太适合的地形上，虽然这样做需要更大的平整力度而导致成本增加，但为了实现最佳设计意图，增加成本也是可以接受的。例如，为了开发极好的视野而选择的场地。

一般在项目开始的时候进行初步场地分析，所以场地分析早于初步设计或平整规划。

第三步　项目分析

简单来说，项目分析包括与客户会面确认要设计的项目。工程项目可能包括设施、结构和由景观设计师负责设计的户外使用区域。项目工作范围可能包括湿地保护和雨水管理。这两者是场地设计的重要组成因素，都需要景观设计师在设计平整方案时综合考虑。

一旦项目确定，就要绘制一张关于各设计要素间关系的表格。这张表格把项目相近的各项活动结合在一起，或者共享某种功能，如停车场或户外使用区域。该表格包括对出入口、汽车通道或人行通道的要求。

各项目最佳选址的解决方法是将斜坡分析中的斜坡坡度与各项目相对应。表3.1所示是斜坡平整指导原则，该表格概括了常见的情况。然而遇到特殊情况（如受限区域），设计师应考虑调整。特殊情况要遵守国家法律对最大坡度的规定，如根据美国残疾人法律，无障碍通道最大坡度为8%;还要遵守地方法律对最大坡度和最小坡度的规定。

表3.1 斜坡平整指导原则[1]

最佳坡度范围[2]	土地使用	最大坡度
0.5%～1%	• 运动场，如网球场、篮球场 • 城市广场（铺）	2%
1%	• 人行道上的横坡	
1%～3%或4%	• 停车场（铺） • 周围种草或植被覆盖的排水沟[3] • 人行道	5% 25%
2%～3%	• 体育场，如足球场、橄榄球场 • 修剪过的草坪	25%
1%～8%	• 残疾人无障碍通道 • 公共街道 • 私人街道 • 行车通道 • 远足散步小径	8% 12% 10% 10%～12% 10%～12%
1%或2%～10%	住宅	25%+
1%或2%～10%	商业区	
因坡度而异	挖土坡	33%
因坡度而异	填土坡	25%
2%～25% 因坡度而异	• 未修剪的草坪 • 有植被覆盖的斜坡	30% 40%～50%

1 平整必须遵守当地的法规，在一般情况下遵守州政府和联邦政府的指导方针。在场地设计和平整工作开始之前，必须明确适用的平整规范，这是专业的“尽职调查”和研究的一部分。

2 根据当地气候和土壤条件、区域工业和政府标准，以及所选择的建筑材料，最大坡度和最小坡度可能会不同。

3 避免地表水集中流动造成地表被侵蚀，需要植被覆盖。

第四步　土地利用和流通图

第四步需要结合场地分析和项目分析，目的在于合理安排各种项目使用或活动——绘制出它们的空间或区域需求（面积估算）、形状或范围——结合场地分析获取的信息，确定最佳选址。例如，场地分析会显示某区域的坡度。有些项目要求选择坡度小的区域，而有些项目要求选择坡度大的区域。方案设计图按比例绘制（根据产权大小，比例可以是20、40，甚至100）并显示以下信息。

1. 基础信息包括产权边界、道路、植被和需要保留的结构。
2. 绘制所有活动区域、建筑和其他结构或基础设施的大致形状和区域尺寸，展现主要土地使用关系。
3. 用于机动车、非机动车和行人通行的进出口和内部环流模式。
4. 地表排水模式、项目地址上或附近的防水设施（见图3.10）。

落实项目元素的其他考虑因素包括拟建的结构和活动区域的景观，以及能否提供更好的隐私或获得更好的视野。图3.11所示是项目和流通图，图3.12所示是土地利用总体布局图。

土地利用和流通图标有面积和区域分析。在住宅或商业项目中，房屋密度即每英亩的房屋数目、停车位数目、露天场所数目和其他使用区域数目，这些信息需要制成表格。在公园项目中，运动场数目和类型、其他公园、休闲场所及它们的面积大小需要填写在表格中。

图3.10 箭头指示了构成这一乡村景观的复杂地貌中地表排水的方向

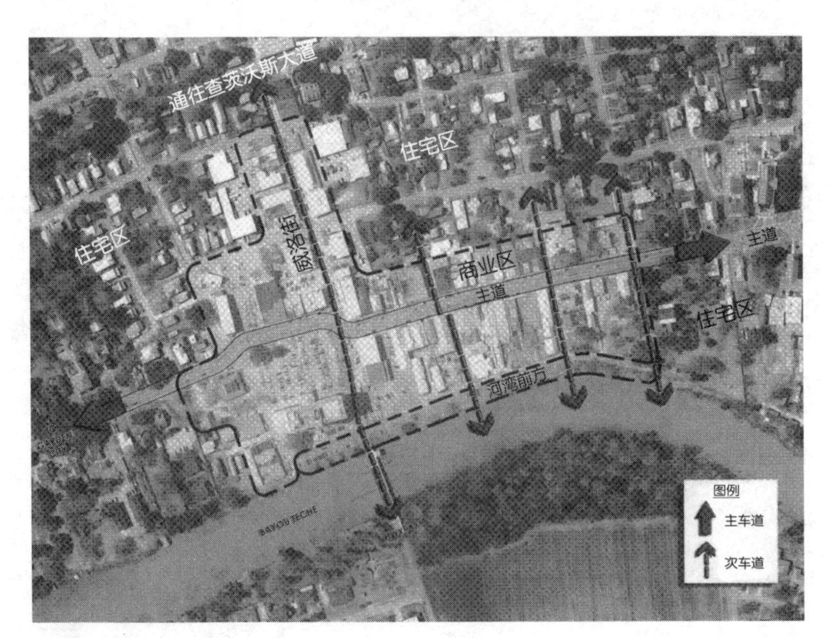

图3.11 项目和流通图

图片来自瑞克景观事务所

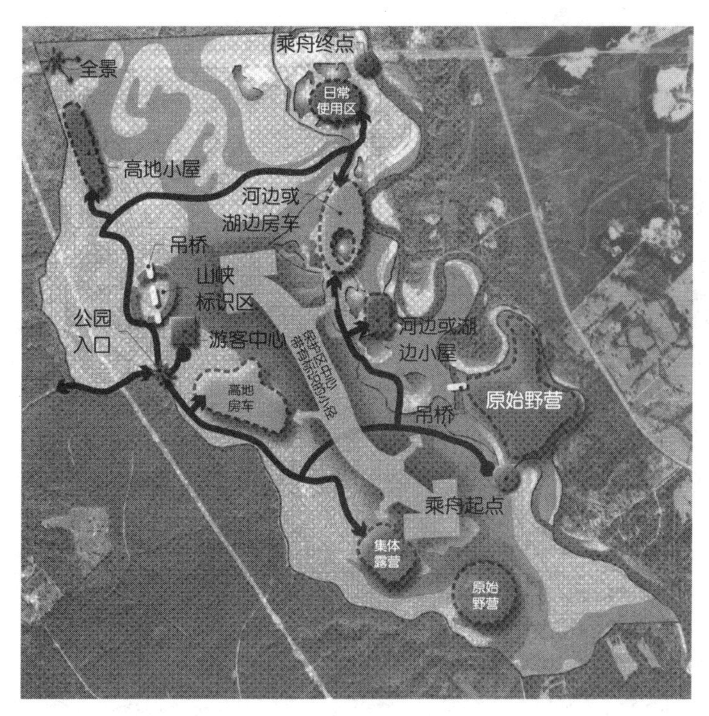

图3.12 土地利用总体布局图

图片来自瑞克景观事务所

第五步 方案图设计

土地利用和流通图要经过客户的检查和认同。常见的做法是，同时为客户提供一种或多种土地利用分配方案。这一点很有价值，客户可以选择最佳方案。拟选的方案可能参考了其他方案的一部分内容。经客户检查后，景观设计师可以制作最终的图表作为方案图设计的基础。

图3.13 ~ 图3.15都是方案设计图的实例，这些方案图把图表中的土地分配和流通规划转变成各种具体的项目元素的形状和尺寸。方案图按比例绘制，如实例所示。实例中有材料的描绘，但是没有具体数据。例如，方案图显示了树木和灌木丛区域，但是没有标明具体的种类和面积；方案图标注了各种通道，但是没有写明采用何种建筑材料。

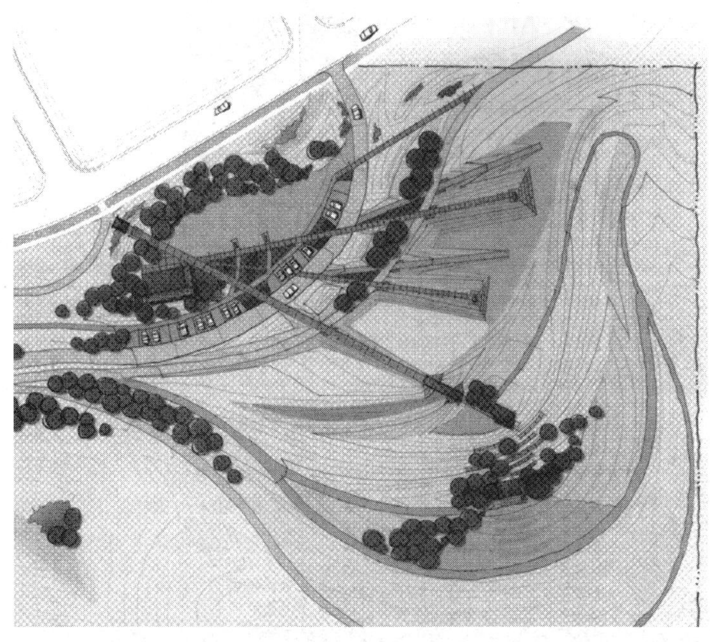

图3.13 初步平整方案

图片来自设计工作坊 丹佛市 科罗拉多州

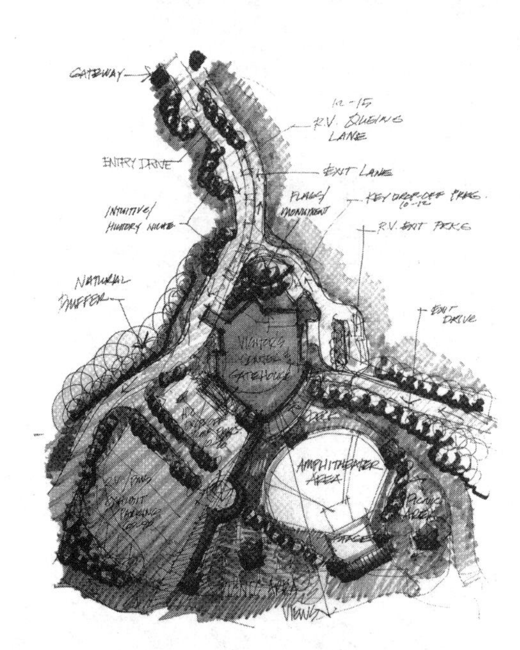

图3.14 方案设计手绘图

图片来自瑞克公司

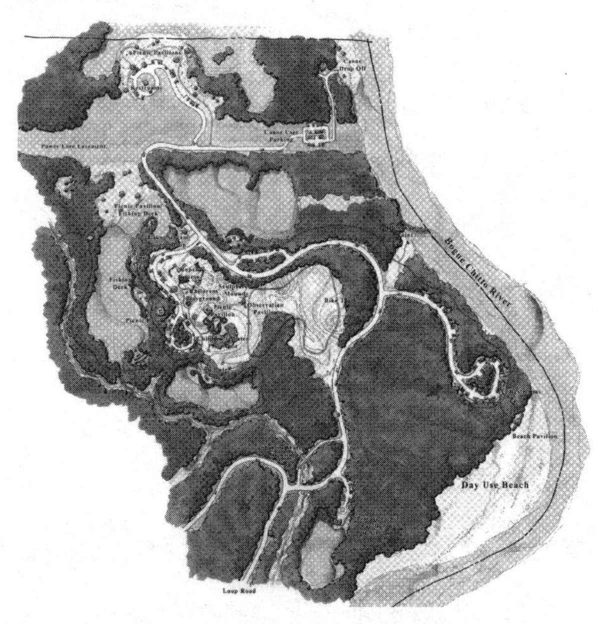

图3.15 公园总体规划示意图

图片来自瑞克公司

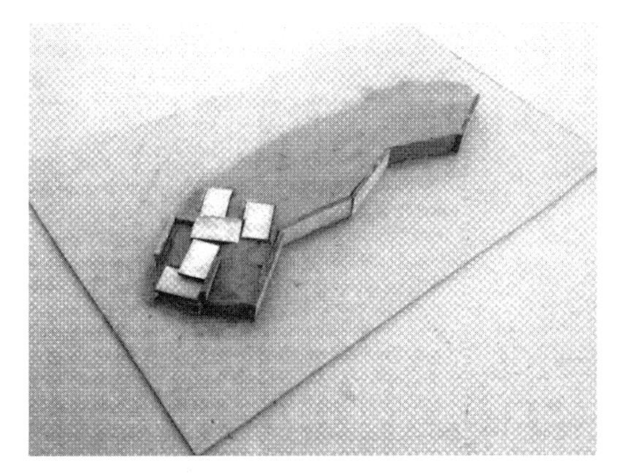

图3.16A 概念模型

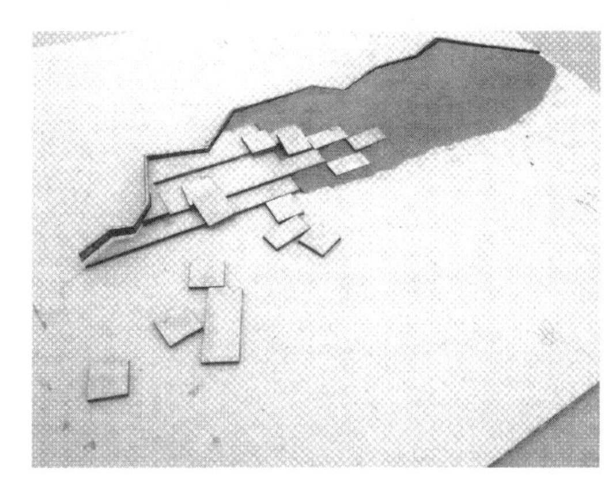

图3.16B 发展模型

图3.16A ~ 图3.16C是设计师用模型展示的初步设计方案，由图可以看出设计分为三个阶段。图3.16A所示是概念模型，即设计师粗略制造的黏土模型；图3.16B所示是发展模型，设计师用三维模型展示了拟建地形的概念，经过反复修改，用黏土和纸板完善了设计；图3.16C所示是方案设计的演示模型，推进了整个三维模型设计的进程。将设计方案和展示模型一同交给客户，并附上剖面图和透视图，以及专业服务合同中规定的完成方案设计所需的费用。

图3.16C 方案设计的演示模型
图片由路易斯安那州立大学罗伯特·瑞克景观学院的学生凯尔·史密斯提供

第六步　平整规划方案原理设计

平整规划方案的设计过程是一个审议过程。在此过程中，设计师应有意识地综合考虑各种因素，包括功能、美学、环境、气候和法律规定。从图3.17A ~ 图3.17D中，我们可以知道拟建建筑物的选址过程，图3.17所示是一系列可选的地址，图3.17下方的文字是对这些选址的评价。

图3.18A ~ 图3.18C所示是不同地形的第二选址，并考虑了四种不同的替代选择。区域A和区域D比区域B和区域C平坦，其表面排水结构更适合建造建筑物或开发利用。

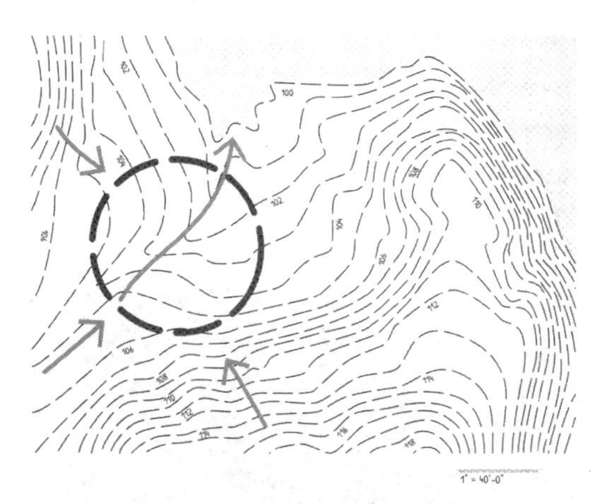

图3.17A 选址为一个天然峡谷，除非建筑物架在峡谷上面或建在一个排水系统上面，以便引流表面积水，否则需要转移大量泥土来解决排水问题，避免淹没建筑物

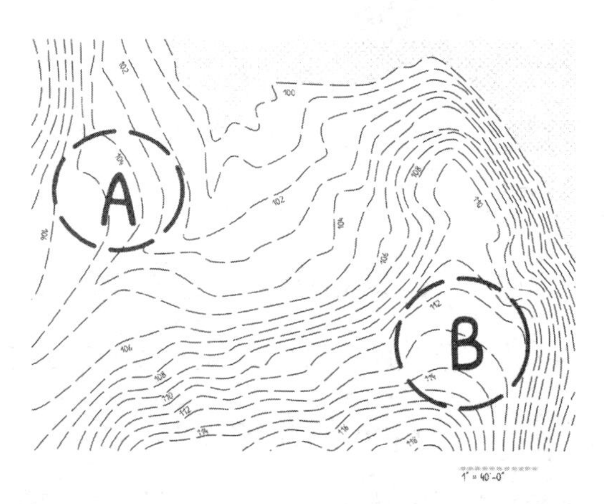

图3.17B 选址为B区域时，可以通过平整等高线引流表面积水，不需要造价昂贵的桥梁或排水系统

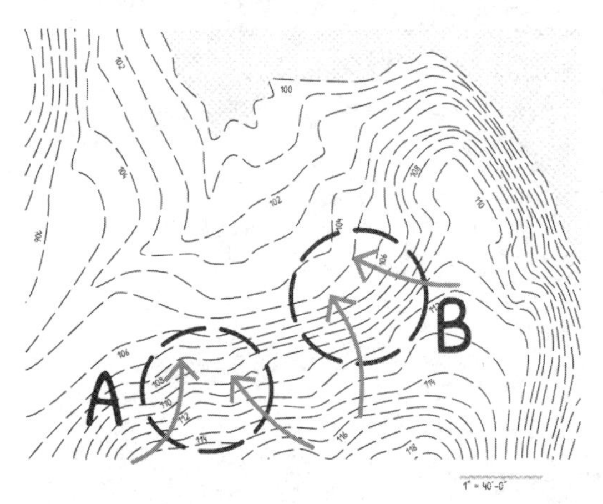

图3.17C A区域和B区域的地形相似，但是A区域的地形可以使表面积水从建筑物旁边流走，B区域的地形会使表面积水流向建筑物。因此，若选择B区域，则需要平整地形来引流表面积水

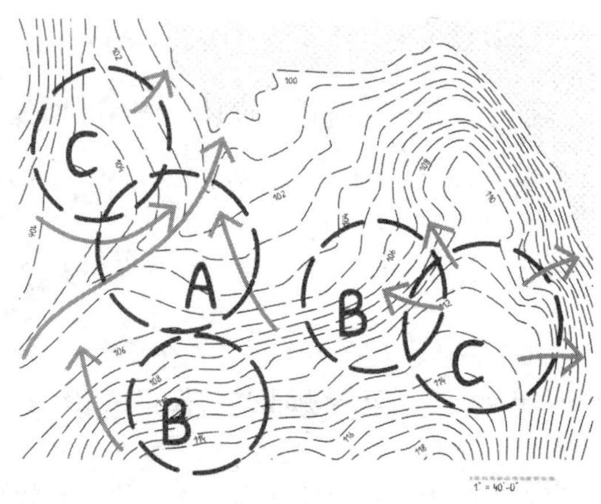

图3.17D 图中C区域与A区域和B区域相比，其工程量较小，且C区域的地形比B区域的地形平坦得多

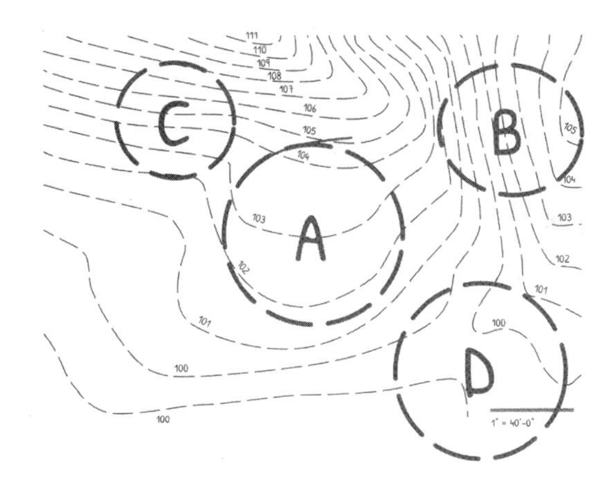

图3.18A　选址评价和初步平整计划

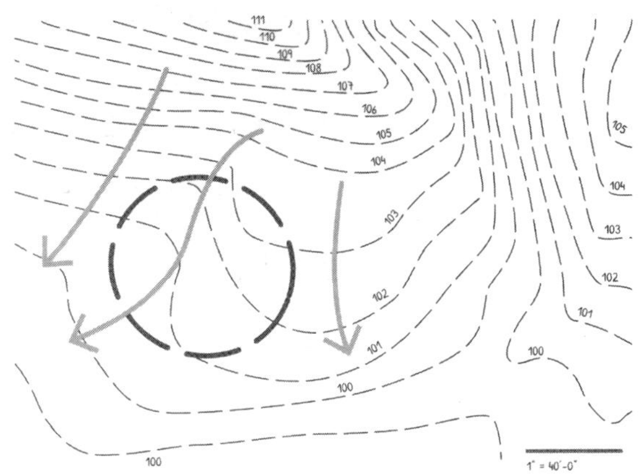

图3.18B　选此处的原因是视野开阔，坡度和图3.17A中的A区域的坡度相似。A区域左侧的建筑物外向下平缓的斜坡可用于室外开发。

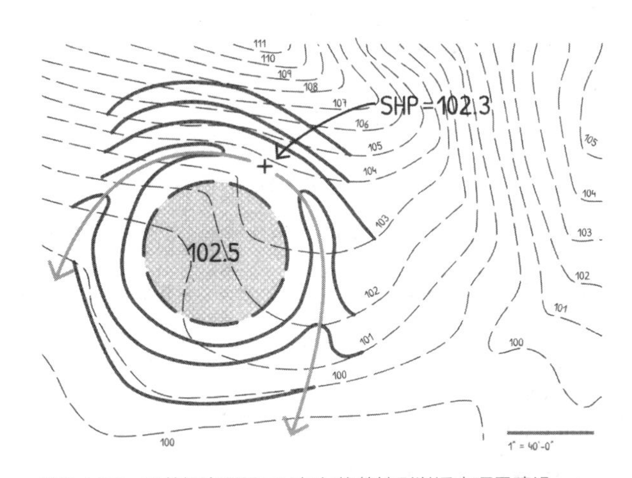

图3.18C　平整概念图展示了如何修整地形以适应项目建设

初步平整方案

初步平整方案是专业服务合同规定的在设计阶段需要准备的图纸之一。5英亩及以下区域的初步平整方案适用的比例是20 ~ 40；5英亩以上区域，如地区公园、住宅、购物商场或企业、校园等适用的比例是50，甚至100。初步平整方案的概念设计图一般包括以下信息。

1. 所有拟建建筑的选址和标高。
2. 现有建筑的等高线及拟建建筑的等高线（等高线间隔为2英寸及以下）。
3. 挡土墙上方和下方的高度及顶层墙体的高度。
4. 车辆设施选址，包括道路、通行或停车场选址，停车场表面积水的水流方向选择，以及排水系统如下水道选址。
5. 行人及非机动车通道、坡道、阶梯的位置，每组阶梯从上至下独立高程点的高度和阶梯数目，通道高处和低处的独立高程点，斜坡的坡度和长度。
6. 平整限制和障碍，包括河流、湿地、林地限制，产权限制，现有树木、现有建筑限制，以及其他限制。
7. 初步挖填规模。

设计师会进一步深化初始设计的概念，平整方案的设计师也会拟定一个等高线模型来展示和评价初步平整方案，如图3.19A和图3.19B所示。设计师在设计平整方案的过程中，可开发一个或多个探索性的平整方案，之后初步平整方案就要拟定完成。交给客户的方案设计包括等高线模型。更重要的是，等高线模型能帮助设计师评估平整方案，尤其是评估平整方案的美学特点。等高线模型可以拿到室外查看阴影投射的效果，这样能更好地了解建成之后的景观。

图3.19A 设计师用等高线模型和计算机三维软件呈现拟建建筑并对其进行评价——一个圆形露天剧场的等高线模型的斜视图

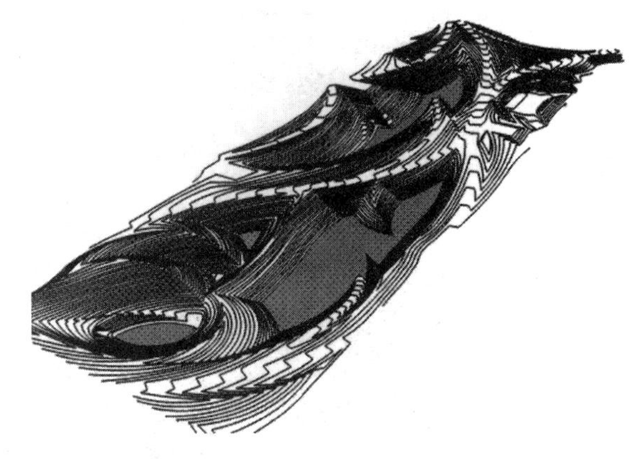

图3.19B 破晓社区项目的平整规划模型

图3.20所示是一份专业的破晓居民社区项目的平整方案设计图，图3.21所示是破晓居民社区项目施工完成后的照片。

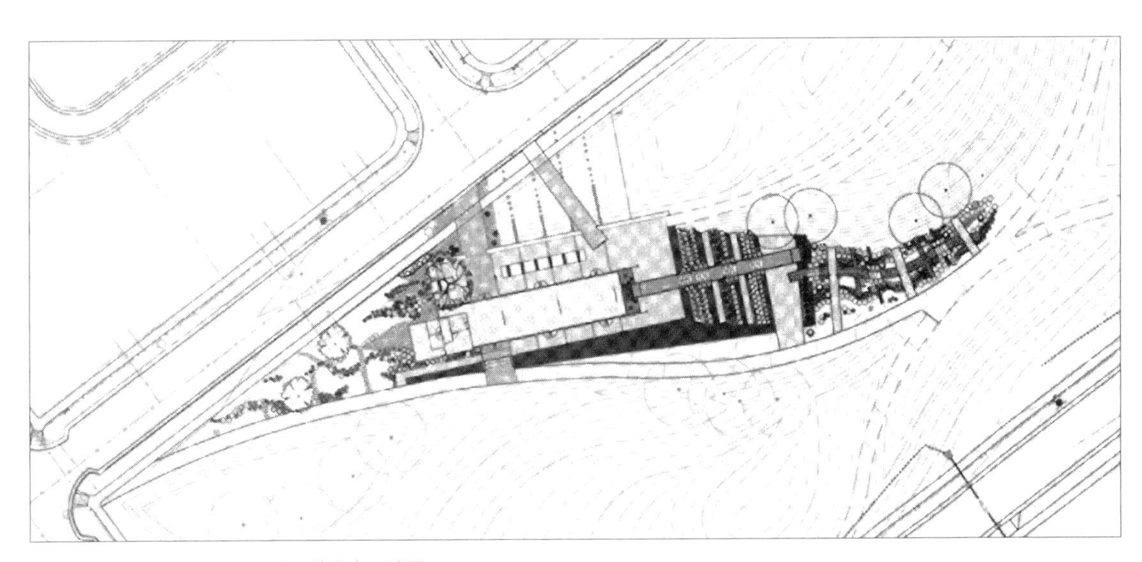

图3.20 破晓居民社区项目的平整方案设计图

图3.21 破晓居民社区项目施工完成后的照片

扩充初始设计方案和后续阶段

方案设计阶段提供的设计通过审查以后，工程团队开始扩充初始设计方案，这个阶段的工作包括进一步完善设计方案，绘制具体的比例图，补充材料的选择、描述、分辨率和其他细节。为了使工程团队更清楚如何解决设计元素的地质面貌，需要开发设计剖面图。由于剖面图更接近最终成品，客户能够更好地了解平整方案。在这个阶段，剖面图被进一步改善成技术剖面图，建筑图纸包中的其他细节也需要完善。专业服务合同里面其他可交付项目包括可能的费用、材料和设备目录描述，这些都将包含在开发设计方案中。

在技术设计阶段需要估算土方量，以确定是否需要增加材料或处理掉多余的材料。一般通过土方量估算建设成本。在提交验收开发设计方案之后，工程团队开始准备开工文档和投标包。投标包用于承包商的投标和指导建设。最终的投标包包括最终的平整方案、技术剖面图和细节图、技术规范和投标文件。

4

第四章 制图规范

本章内容

- 统一制图规范的重要性
- 手工制图与计算机制图的联系和区别
- 确保准确和完整的制图指导原则
- 建筑师与工程师的比例尺

制图规范：景观设计图和乐谱

制图规范已经渗透到手工制图中了。很多年前，手工制图被当作一种工艺，是制图员（无论是专业的还是半专业的人员，都因此技术备受称赞）必须练习和培养的技能。早期制图员制图依靠手工完成，他们使用一系列的工具，并依据指导原则，用铅笔在亚麻布上绘制，后来在牛皮纸或聚酯薄膜上绘制。透视图可以用水彩、彩色铅笔、蜡笔和彩色粉笔绘制。有些人称手绘透视图的时期是“美好的过往”。如今，越来越多的手绘技术被数码技术代替。我们的制图工作其实是操作计算机上的按键，用鼠标或触针控制计算机屏幕。数字制图有很多优点，可以提高工作效率，传递和分享文件更方便，也可以产生很多艺术表现形式。图4.1所示是专业景观建筑办公室同时使用数字制图和手工制图的场景。

图4.1 专业景观建筑办公室同时使用数字制图和手工制图的场景

在如图4.1所示的专业景观建筑办公室中，纸张和电子文件同时存在于工作环境中。专业人员在计算机前工作，桌子上铺满了打印出来的纸张，这些纸张用于审查和标记，以便后期在计算机上进行修改。

手工制图与表现

“手工制图”一词已经过时，“表现”代替以前的绘图或制图开始广泛应用。图形表现是传达设计和技术信息的主要方式。一般来说，绘图和制图没有区别，可以交替使用，都可以代表手工制图和数字制图。在必要的时候，这两个概念还是要区分清楚的。

手工制图是传递复杂设计概念的二维方法，由设计室人员用铅笔、中性笔在各种纸制品或聚酯薄膜上绘制而成。手工制图使用的各种工具包括丁字尺、各种类型的三角尺、曲线板、制图圆规和各种模板（如圆形模板）。过去，绘图是指手工表现（手工制图），如今它已被计算机的数字表现代替，如使用一系列制图软件（AutoCAD）。

在场地平整中，制图规范非常重要，需要进一步详解。在乐谱中，作曲家用线条和符号表现自己的乐曲，同样，设计师用线条、图案和符号传达设计意图。错误地使用音乐符号会让本来美妙的歌曲变成糟糕的噪声。同样地，平整方案误用了符号或画错了线条，会在项目施工时给承包商带来灾难性的后果。

从事建筑、工程和景观设计的人员用一套制图规范来表达他们的设计意图。这些规范包括线宽、图案、数字、文本用法和符号，它们的用法必须统一规范。项目各个阶段（从初步方案到施工文件的制订、投标、合同协调和施工）的从业人员都必须理解并且遵守制图规范。平整方案至少包括三层信息，即地基信息、地表信息、地上建筑（如墙和其他建筑）信息。平整方案的设计师需要提供每层的信息，地表使用独立高程点和等高线，地基和地上建筑使用独立高程点。平整方案需要用详图、立面图、剖面图提供其他信息，以表达设计意图。

读者可以通过很多方法查到制图规范，根据规范准备平整方案平面图、剖面图和相关图形表达因素。本章不讨论这些规范，在下一章的专业实例中将介绍应用制图规范的例子。

音乐与设计中的文件规范概念

图4.2所示是一页乐谱。与平整方案一样，该乐谱为读者提供了一套指导方针。对于乐谱来说，读者是音乐家；对于平整方案来说，读者是建筑承包商。

图4.2 费利克斯·门德尔松 弦乐四重奏 第十二部作品 第一首曲子

制图与传播规范统一性这个概念在音乐中最能体现，从作曲家（音乐作品的创造者）开始（见图4.2），不管什么类型的音乐（歌剧、爵士、摇滚或嘻哈），都会使用标准的音乐记谱法。作曲家在大脑中构思了音乐，音乐通过符号和标记转换成乐谱。当演奏家、歌手、指挥家看到乐谱时，就能感受到音乐。我们为平整方案所画的图也应该遵循统一的规范，这样其他人（其他设计师、客户、承包商和政府人员）看到的时候就可以马上理解和构想出来平整方案所要传递的信息。这样，景观设计师用图形符号来传递信息，使客户、承包商、政府人员能够正确地理解设计意图。一套好的制图规范对承包商至关重要，这使他们对建设成本的估算及在建设过程中对图纸的认识和理解不会出现偏差。同样地，采用标准的制图规范，便于政府人员审查平整方案，并帮助项目顺利获批。

平整方案遵循国际统一的规范。如果平整方案遵循这些规范，承包商、政府人员和其他人就能理解设计师的意图，就像演奏家、歌手和指挥家能看懂作曲家写的乐谱。人们能看出不同景观设计师的平整方案中独特的图形表现（见图4.3）。然而，当我们仔细观察时，就可以看出它们遵循了同样的规范。虽然每个人的字迹不同，但是平整方案遵循的规范是一样的。

为了让读者理解遵循图形和文本规范的重要性，我们根据图4.4，考虑以下问题。

1. 什么是等高间隔？
2. 点A到点B的水平距离是多少？
3. 点C与点D的坡度是多少？
4. 点E的高度是多少？

5. 建筑物的南边在哪里？

6. 图中点F代表什么？

下一章将详解这些问题，但是我想说的是，此图看起来非常专业，线条和细节很清晰。事实上，这张图对回答上述问题几乎是无用的，但不是全部无用。为了回答这些问题，图中应该包括：①按照高度标记的等高线；②尺寸比例，如1英尺等于40英寸；③指北针；④主要要素的标记；⑤标有各种符号和线条的图例。

已知地形图的等高间隔，设计师可以知道现场不同区域的坡度，并能计算出高度。如果地形图中包括图例，那么就不用猜测各种线条、符号、颜色和图形的含义了。有了图例就可避免多余的标示，而且能增强地形图的清晰度和表达的准确性。地形图上的指北针为设计师提供了分析工具，它不仅能指

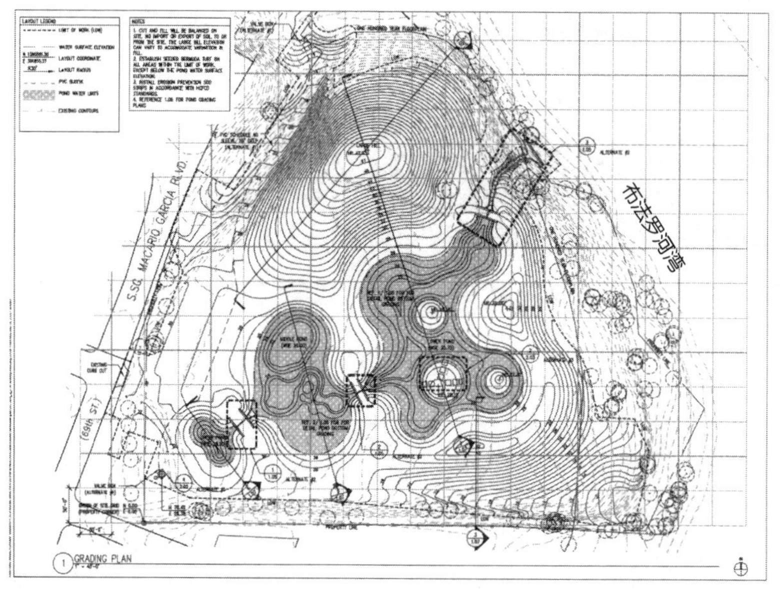

图4.3 布法罗河湾公园平整平面图

图片来自SWA集团

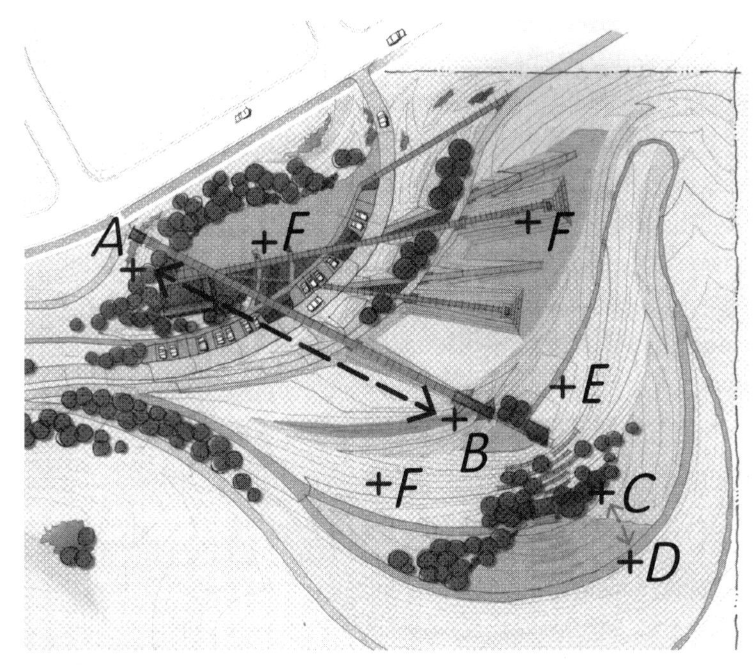

图4.4 破晓居民社区平整方案设计
图片来自设计工作坊 丹佛市 科罗拉多州

明方向，而且其投射阴影的模式有助于现场设计决策。标识建北方向，设计师能避免阳光照射影响棒球击球手的发挥，或者确定建筑位置，减少阳光照射。根据比例，我们可以计算坡度和等高线高程，以及计算在建项目或拟建项目中任何特定范围的面积大小。

遵循制图规范，避免误读

平整方案的平面图、剖面图和细节图交代清楚了现有场地条件（包括地形、植被、人工建筑、周围主要环境）与拟建方案和地形的关系，尽可能避免含糊不清。实际上，承包商根据平整方案和全套施工文件建设工程。承包商根据施工文件进行规划和寻找策略去建设施工文件中的作品。

我们大体上介绍了景观设计过程中遵循制图规范的重要性，特别是平面图和制图图纸。设计师可以用个性化的图形表现来传达平整方案的细微差异，也可以在图形中增加阴影、组织、颜色和构成（页面布局），以此来详解设计中的细微差异。在某种情形下，设计师想传递雕塑形式的细节，但是直线形的画法可能没办法体现，因此，平整方案的图形表现看起来像三维的。值得注意的是，平整方案中的微小差异不能盖过或模糊了必要的信息。其他人需要这些信息理解平整方案中的平面图或其他技术制图。

景观设计的制图规范在美国和其他国家几乎普遍适用。随着景观建筑和相关专业的全球化，制图规范将在全球普遍适用，但是度量标准和英制标准不一样，感兴趣的学生可以借阅其他文献研究这个问题。

施工文件

目前，“制图规范”的概念主要用来形容图形表现的原则和因素。在专业实践中，施工文件通常用来描述图形表现的要求。在设计过程中，设计和施工文件是相辅相成的。设计是一个辩证思考的过程，结合了环境、文化、社会、经济和政治因素。辩证思考的结果必须通过图形和文字有效、清晰地传递，以便被其他人理解。文件的质量对设计成果和建设过程有重大影响。虽然合适的文件并不一定能保证好的设计，但是可以让人清楚地理解设计意图，并成功实施。有效的施工文件能促进设计规程之间的紧密合作，而有效的设计和施工文件包括以下相同的属性。

1. 内容精确，几乎没有冲突和冗余。各种要素（无论是图形还是文字）都不包括冲突信息，消除冗余会降低信息冲突。指导原则：只说一次或只画一次。

2. 内容完整，具有高分辨率。足够的细节可以交代清楚设计意图，读者和审查者对设计意图几乎没有疑问。
3. 施工文件必须保持一致性且通俗易懂。特别是复杂项目，将许多制图给不同的特约顾问的时候，无论是图形还是文本形式，其条理都是非常清楚的。
4. 信息存于可预见且不变的地方，使那些需要查找信息的人知道在哪里能找到他们想要的信息。
5. 信息按照递阶系统存储。线条应该是有区分的，粗线或深色线用于标注重要的形式或信息，浅色线用于标注细节信息。文本中的主要信息或页面上的制图应成为焦点，其他细节或辅助信息用小字号或浅色线标注。
6. 行业与设计规程通常使用标准系统命名法和图形标准。
7. 机构（公司、院系、组织）会用标准的质控规程审查，机构中的所有成员都理解这一过程。
8. 文件包中的所有制图的方向是相同的，这样可降低误解和减少误判，因此，所有制图也需要统一比例。

关于比例

设计和施工文件使用的比例是指图纸上的尺寸或距离和实际尺寸或距离的关系。地形和土地调查图常用工程师比例尺，度量时使用整数和小数，如42英寸半写成42.5英寸。平整方案或土地调查图的比例为20，这表示图上的1英寸等于地面上的20英尺，比例为100表示图上的1英寸相当于地面上的100英尺。美国使用第二种比例——建筑比例，度量时可以用分数表示。比如，四分之一或一半比例表示图上的1/4英寸或1/2英寸等于地面上的1英尺。一般来说，建筑师设计的建筑图使用建筑比例。其他辅助建筑图的图，如结构图、电力图、机械图等，也使用建筑比例。土木工程、景观建筑和土地调查使用工程比例，相关地形和土地调查、道路和公用设施（如雨水系统）也使用工程比例。在一般情况下，平整方案使用工程比例，如图4.5所示。

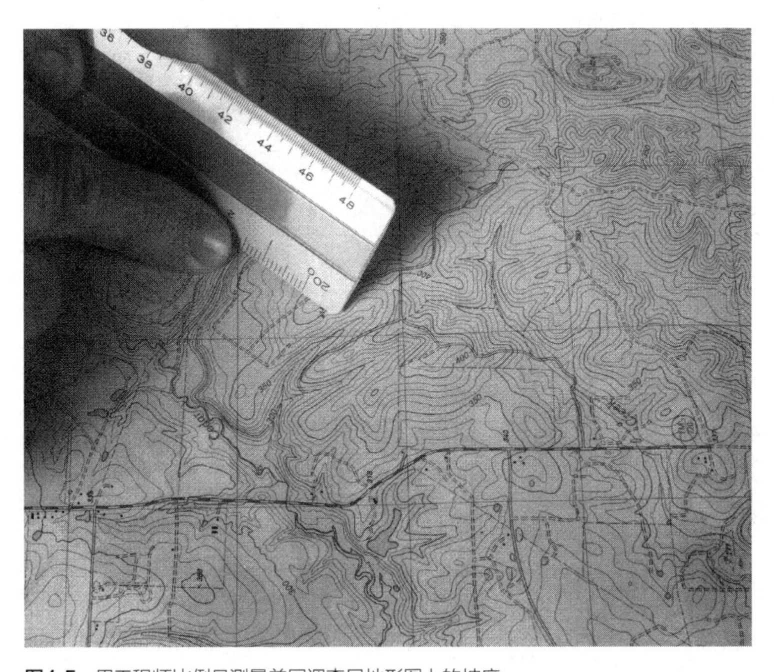

图4.5 用工程师比例尺测量美国调查局地形图上的坡度

5

第五章 什么是比例？比例为什么重要？比例如何使用？

本章内容

- “scale”的多种含义
- 使用比例的原因
- 如何选择合适的比例绘图
- 看地形图的原则

“scale”：一个具有多重含义的词

在设计中，“scale”一词至少具有三种含义。被我们称作“尺子”的木质或塑料的工具，在景观建筑、工程建筑中被称为“scale”。第一种含义是用来测量的工具，是设计师在纸上或计算机上画图时所需要的。第二种含义是比例，是一种为了适合纸张大小而采用的代表实际尺寸的方式。第三种含义是与人的尺寸相关的物体的尺寸。“scale”在“墙的高度和人是协调的”句子中，是指墙的高度相对于空间和使用该空间的人而言并没有太过。

图5.1所示是大学校园的人行道，位于加州大学洛杉矶分校的建筑物中间，于20世纪初由景观设计师拉夫·康奈尔设计，方案设计的初衷是融合周围大楼的建筑特色。周围建筑物都是由砖砌成的，包括标准砖（$3\frac{5}{8}\times2\frac{1}{4}\times7\frac{5}{8}$）和罗马砖（$3\frac{5}{8}\times1\frac{5}{8}\times11\frac{5}{8}$）。人行道的基本单元的大小、形状、图案是以罗马砖为基础砌成的，人行道的宽度也能够承受学生的通行量。人行道被分成一个个小单元，代表个人空间。能够容纳16～20个学生通行的交叉路口也被分成小单元，代表个人空间。原图的设计师使用建筑比例或工程比例，比例可能是20或40。人们这样评价这个设计，设计师通过建立适合个人比例的细节模块，把本来宽阔的、可以容纳多人的道路尺寸缩小到了个人比例，这里“scale”的含义就是相对比例。

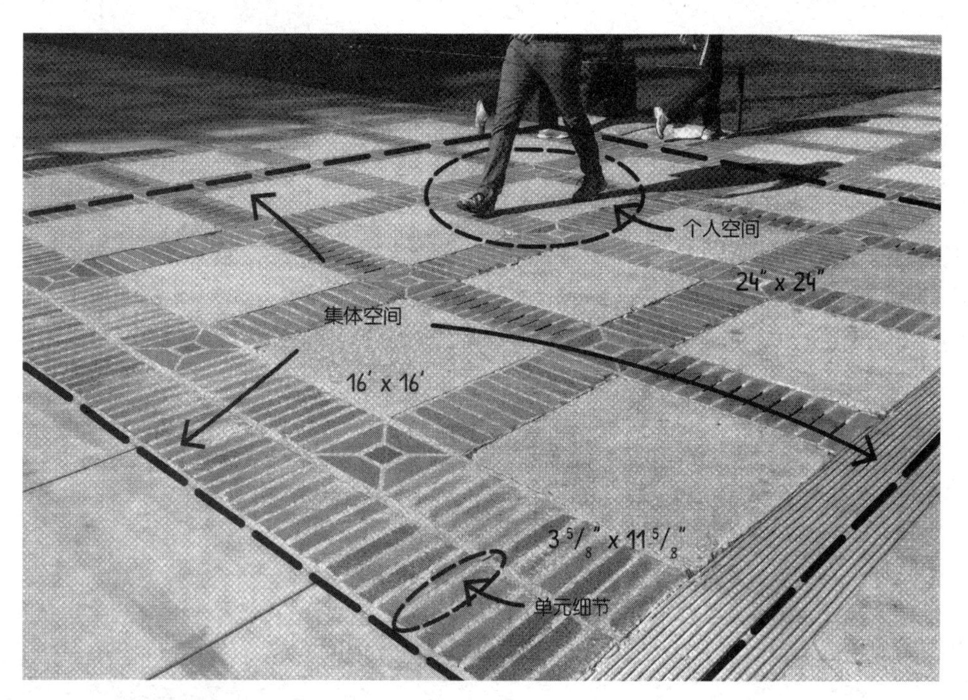

图5.1 校园人行道体现相对比例的概念

比例图的必要性

在某些特殊情况下，景观设计可能不需要画图。但是我们生活的世界是充满争论的，因此不画图是不太可能的事情。人们可以不需要画图，就能用铲子、凿和其他器械建造一个花园、游乐场或其他景观。鉴于政府规范和法律限制的大环境及我们生活环境的复杂性，这样的情况是很少见的。人们可以根据大脑里的构思建造花园，甚至是边做边想，如自己的花园或信任你的设计敏锐度和技术的朋友及亲戚的花园。然而，在如今充满规约和合同的世界里，没有设计图，不通过一系列的审查和批准就拿起铁铲建设城市广场或进行湿地恢复是不可能的。景观建筑实践包括一系列的步骤，以及纸质化的文件追踪。在这个过程中，初步设计需要提交给客户和政府审查。

无论是手工制图还是计算机制图都有一系列的步骤。每个步骤都需要加工润色和设计详细的方案，包括技术详图、剖面图和技术规范。每推进一个步骤后，客户和政府有关部门都会对方案进行评估。设计在审查过程中，除了需要政府审查，还要求召开听证会，以获得相关人员的建议和认可。政府部门参与审查景观方案，包括平整方案，判断其是否符合公共安全和健康标准。参与审查和审批的政府部门包括市政部门、国家公共工程和环境质量机构、联邦政府内的资源管理部门（如野生动物和渔业部）及其他对水质量和湿地管理有管辖权的机构。

设计阶段平整方案不可或缺

景观设计过程与建筑或土木设计过程相似，通常都要经历一系列步骤和阶段性工作。专业服务合同中的工作内容含有具体步骤。工作内容包括以下几个阶段：第一个阶段是与客户交流，设计一个或多个解决方案，每个方案附有预算分析；第二个阶段是投标文件的准备，投标文件包括平面图、细节图、技术规范和其他构成完整投标包的合同及约束文件。承包商根据景观设计师提供的平面图、细节图和技术规范准备和交付报价。

了解了设计过程的框架后，我们必须理解为什么设计需要这么多步骤和各种类型的文件（图形和文本），每个阶段都要求有文档包，文档包包括平面图、细节图和提供给客户及政府审查的其他图形表现。

平整平面图是土地部分的表现形式，如项目现场。施工区域画在图纸上或存于计算机文件中，在计算机屏幕上观看。现场的特点（地形、森林覆盖、通行和结构）用线条、符号、等高线和高程表现，笔记和尺寸作为补充。这些图形表现比它们代表的实际区域要小。图纸上绘制了线条、尺寸、等高线和其他图形，图纸上标注的尺寸和长度代表了地面上的实际尺寸和长度，用指定的比例表现二维的物质世界。接下来的章节将进一步介绍比例的概念。

使用和选择合适的比例

第四章内容解释的是制图规范，本章内容解释的是比例的概念。景观设计师的设计内容包括：①拓展设计概念；②根据客户和其他人的想法进一步改进设计；③把改进的想法加入最终的施工平面图和细节图中。图纸表现的是实际地面的情况（现有条件）和拟建的建筑，通常由景观和建筑承包商等第三方进行施工。为了让承包商的建设体现出设计师的意图，图纸必须包括足够的细节和现有场址条件准确的图形表现。制图信息必须符合制图规范，这样承包商和土地调查员才能把手工制图或数字信息转换到场地上。在图形表现中，设计师使用比例在图纸上表现设计概念，然后承包商根据图纸施工。比例表现的是场地上测量的距离和平面图、细节图或剖面图上的尺寸关系，图纸表现的是工程现场的真实情况和拟建的设计要素。平面图的比例表现为一种分数或比例，以此展现平面图的测量单位，如1英寸或几分之几英寸相当于地面上的指定尺寸。例如，比例为20的图纸代表工程师比例尺上的1英寸代表地面上的20英尺，所以一个设计成宽100英尺和长300英尺的操场在图纸上或计算机上表现为宽5英寸和长15英寸。平面图或细节图使用何种比例和图纸的大小有关，而且要结合现场的具体情况确定。

为了将面积为150 ~ 200英亩的高尔夫球场绘制到标准图纸上，需要的绘制比例可能为1英寸等于100英尺，而75英尺×120英尺的住宅庭院的绘制比例为10或20。高尔夫球场的绘制需要两套比例：一套比例为100，展现球场的全方位面貌，其中细节较少；另一套比例为20或40，尽量体现细节和精确度。如果需要详细的平整信息，可以使用10到20的绘制比例。像高尔夫球场一样的工程会分成几个平面图，这个时候会要求有参照系统，以便关联每个平面图之间的信息。

平面图或细节图决定使用多大的比例要考虑以下几个因素：工程的规模、设计元素的复杂性、为了和承包商交流所需要的细节程度。设计的初期阶段（将绘制图交付客户审阅并获得认可，可以进行下一步完善计划和准备合同文件阶段）与后期阶段使用的比例可能不同。通常的做法是主要的平面图绘制时使用同一个比例，由项目规模和细节要求决定。图纸内容包括工地拆卸、平整、打桩和布局、植被、灌溉、照明和其他施工项目。

参照图和匹配线

图5.2所示是项目分成单个小区域的参照图。参照图使用的比例为50或100，每个子图使用的比例是20、30或40。注意，L3-01至L3-14使用黑色匹配线，目的是让单个表格看起来清晰。参照图中的每张子表格都在匹配线系统中，表格有重合的地方，这是为了帮助承包商协调相邻表格中的工作。重合的地方都包括一些细节信息，所以应尽量避免重合，防止信息冲突和矛盾。每个子图都标有编码（如L3-01）。如果目标是景观，并且平面图分为5个部分，那么子图就标为L-1至L-5。如果目标是平整，使用与景观平面图相同的分类，那么平整图就标为G-1至G-5。

很多区域使用不同的比例。选图最重要的是考虑它的用途，如对于城市公共区域，设计师需要用细节图精确定位下水道线路、电线和水管线路，以及街

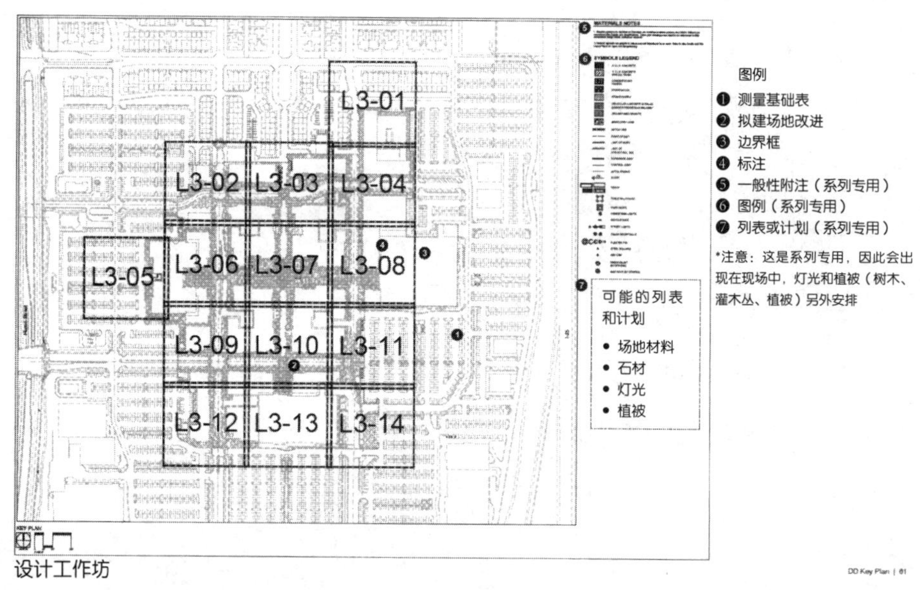

图5.2 使用黑色匹配线的样图，这些平面图从L3-01开始标注

图片来自设计工作坊 丹佛 科罗拉多州 设计工作坊存档 标准和最佳实践 第61页

道。细节图通常使用的比例是1：600，即1英寸等于600英寸（600/12=50，即图纸上的1英寸相当于地面上的50英尺）。这个比例比其他类型的建筑物使用的比例要大得多，房屋、道路或铁路轨道可以使用该比例，而不用美国地质勘探局1：24.000网格图使用的比例。

建筑比例和工程比例

平整平面图、剖面图和侧面图使用工程比例，建筑师建造的房屋时使用建筑比例。居家花园或小房产的平整平面图使用的比例是10或20，城市公园使用的比例是40或50。上百英亩的住宅区或校园的平整平面图使用两种或多种比例，和“使用和选择合适的比例”一节中讨论的高尔夫球场一样。住宅区可能会分为几个地块，每个地块使用标准图纸，即240英寸×360英寸的图纸。规范规定使用标准比例，即工程比例，如10英寸相当于1250英尺这个比例虽然在计算机中绘制是没问题的，但在实际中不会采用。专业规范规定使用标准尺，即工程师比例尺。设计的每一个阶段的合同文件都需要使用标准比例。其他使用或接触到图纸的人需要知道图纸比例，以便知道项目的规模和测量长度。

有人认为图纸上的图大一点或小一点都没有关系，或者依赖柱形图也是可以的。然而，不使用公用比例会导致他人误解。柱形图也许能够满足某些目的，但是若图纸上只有未知比例的柱形图可能会比较糟糕，未知比例的柱形图对于承包商来说是无用的，他们无法把图纸上的量度转化为地面上的建筑物。在专业实践中标准是图纸使用标准比例绘制或出版，即工程比例或建筑比例。具体会选择哪一种比例，取决于图纸主要涉及的是土木工程（土方工程、排水或道路工程）还是建筑物（包括住房、商业或政府建筑工程）。

地形图是有用的规划工具

在日常生活中，我们每个人都会使用地图。地图有很多种存在形式：印刷在书上的、印刷在纸张上的、计算机屏幕上的、智能手机上的或平板电脑上的。搜索饭店或汽车修理店的名字，网页上就会出现标有这些店的地址和街道名称的地图。通过地图我们可以看到精彩的世界和多样的信息，如从方向到旅游热点。景观设计师几乎在每个层面都会使用地图，以便了解项目现场的情况。地图体现的是二维世界。景观设计师使用的地图含有地形信息。地形图（由土地调查准备或美国地质勘探局出版）用二维图纸呈现并提供了三维信息，如高度和地形。根据地形图（标有等高线的地图），人们可以得知地形是平地还是陡坡，判断地形的特征，如哪些区域在阴影下（山的北面），哪些区域在阳光下（山的南面）。山的北面的土地一般比较潮湿，土壤较厚。潮湿的土壤通常长有各种各样的植物，因为白天的时候它们大多处于阴影下。山的南面的土地通常较干燥，稀薄的土地上只长有耐热的植物且品种较少。当熟悉地形图并能熟练地使用时，我们就能发掘出有用的信息，更好地了解场地的物理特征和现有状况，有助于我们做出早期的场地规划和后期的设计决策。

在项目初期阶段，景观设计师和其他设计专业人士会使用美国地质勘探局出版的地形图。我们可以从网站www.USGS.gov上免费获得PDF形式的地形图，也可以在地方调查局和户外运动商品店买到USGS地形图。每张USGS地形图都有特定的名字，通常来源于当地主要的地质特色或地名。例如，塔毛利帕斯山的USGS地形图以位于加利福尼亚旧金山北部的重要地标马林县命名。USGS地形图对于进行拟建场地的早期调查很重要，如当有人需要A/E[3]专业服务提议的背景知识，或者在给客户提供服务和费用提议的时候，USGS地形图对于进行这些拟建场地的早期调查很重要。地形图在早期规划阶段的重要性包括以下几点。

- 确认现场项目的可能地点，如建筑物、道路、室外区域的最佳地址。
- 编制一个有实用性的预规划、具有初步场地分析的设计图和主要地质特色的详单，包括现场的现有地形和周围环境。
- 描述哪些区域需要调查或可能需要的土壤地质技术信息，没有必要调查整个地块的信息，特别是大块空地，因为勘测和地质技术调查的成本很昂贵，所以限制区域调查可以减少成本（为客户节约资金投入）。

美国地质勘探局出版了覆盖全美国各个区域（见图5.3）的近57 000张不同的地形图，这些地形图很美观，具有地质美感，而且信息清晰、精确，呈现且定义了主要的自然和文化特色。这些地形图富含精确、多样、详细的信息，包括地形、植被、水文系统、道路和公用设施、文化特色（个人建筑、城市化区域和墓地）和政府界限。通过这些地形图，我们可以做一些初步决策，包括高度和土地的合理使用。项目从初步设计阶段过渡到方案设计阶段，地形图中的等高线和其他物理特色也足够设计和规划决策使用，之后还需要土地调查员提供更加详细和精确的地形信息。

③ 建筑工程专业服务公司包括景观园林公司。

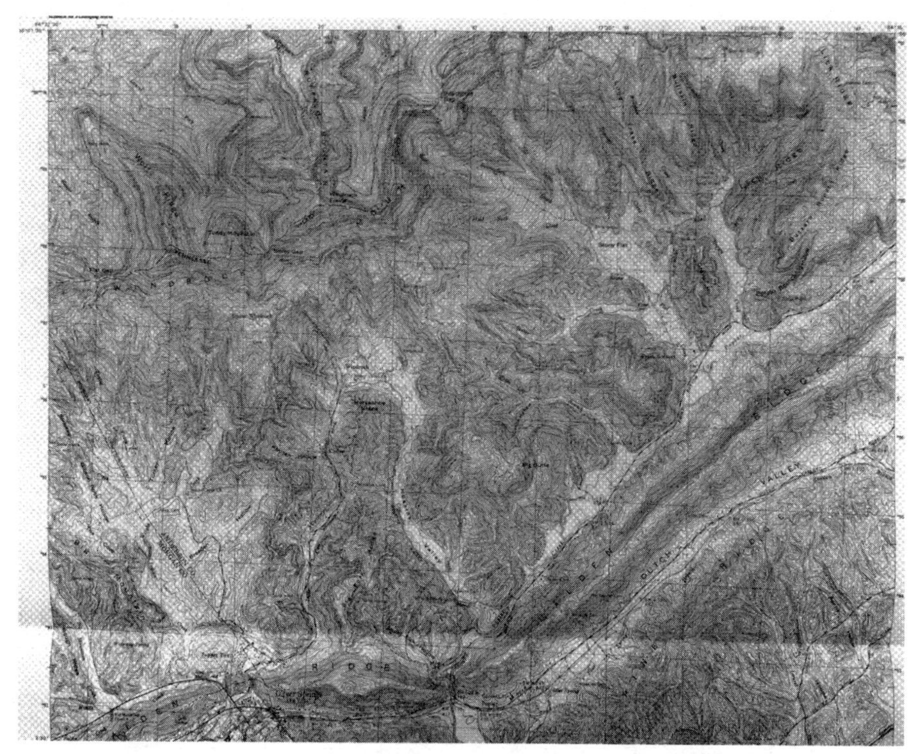

图5.3 美国地质勘探局地形图的一部分，可以从网站www.USGS.gov或其他地图产品中获得

地图比例和等高线间距

美国地质勘探局的地形图使用多种比例，体现了图纸上的距离和地面上的距离的关系。比例为1∶24000（1英寸=2000英尺）的地形图可以给规划和设计提供大量有用的细节。这些地形图遵守20世纪初建立的标准图形表现模式。把早期地形图和近期地形图进行比较，我们可以从两种地形图中看到有用的历史信息和土地长时间变迁的快照。

等高线图显示了地貌和海拔高度。等高线显示海拔高度系统，由等高线图可知，相邻等高线之间的海拔高度是相等的。相邻等高线的高差称为等高距。

地形和地形图的比例决定了等高距的差异，如比例为1∶24 000[④]（1英寸=2000英尺）的地形图的海拔高度差距很大，山区的等高距可能为20英尺，陡峭地形的等高线可能分别为140英尺、160英尺、180英尺，以此类推。等高距标在地形图的空白区域。下面这个例子的地形比较起伏，所以等高距为10英尺。如果地形相对平坦，如中原或海边湿地，那么等高距可以是5英尺或10英尺，因此等高线的高度分别为120英尺、130英尺、140英尺，以此类推。

美国地质勘探局地形图上的等高线用不同宽度和透明度的棕色线表示。为了更容易确定海拔高度，计曲线（如100英尺的等高距）会更粗、更宽，20英尺等高距的等高线较浅、较细。每几条等高线中间会标有高程值。计曲线中间的间曲线和助曲线体现了地表面细节。等高线越密集表示地面越陡峭；等高线越稀疏甚至没有等高线，表示地面越平坦。相邻等高线的高差即等高距，它最能体现地形地貌，包括水文特色（河流和山谷水流）。

认识地貌格局

地形图可以呈现小块区域的地表情况。地形图的特色不同于宝藏图或城市道路图，是由等高线体现的。等高线是以二维形式体现海拔高度和地形的，是由地形上海拔高度相同的点连成的线。等高线的形状传递给读者关于地形的立体形式。图5.4中的等高线利用地面测量出的海拔高度和航拍图绘制，这些高度以某个平面作参照，如海平面。参照信息和原始及更新的调查数据的日期一起都标注在地形图底部。

---

④ 把 USGS 地形图转换为建筑比例，USGS 地形图的比例为 1 ∶ 24 000，意思是图上 1 英寸相当于地面上 24 000 英寸。把 24 000 英寸除以 12 换算为英尺，得到的建筑比例为 1 英寸 =2000 英尺。

使用USGS地形图上的等高线可以确定山的高度、海的深度（等深线图）和斜坡坡度。地形图不仅仅只有等高线，还有山顶的海拔高度、池塘海拔高度、取土场地的高度及其他主要文化特色。地形图上的各种符号代表街道、建筑物和其他结构、基础设施（发电厂和管道）、河流、植被及其他人工和自然特色。

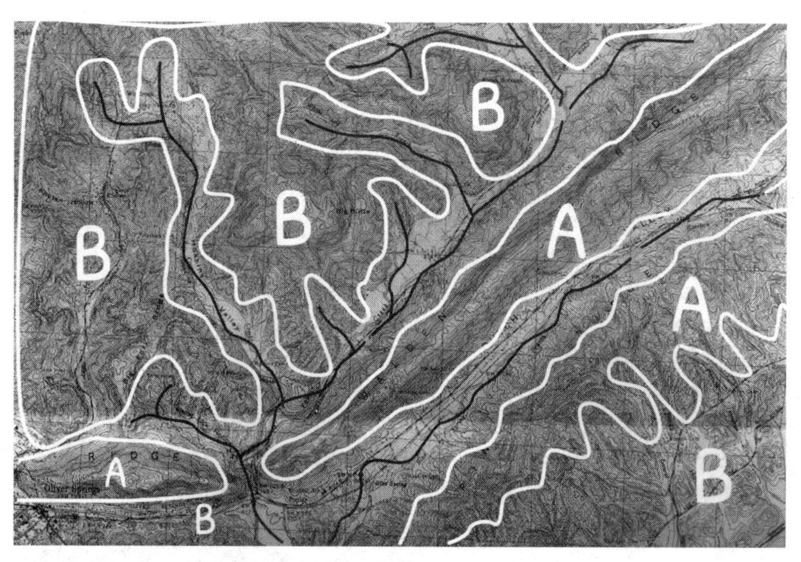

图5.4　美国地质勘探局地形图上的各种地形

地形图中的信息

如果我们喜欢看地形图或有此方面的经验，我们会发现即使地形图上没有说明，也能看懂大部分内容。在一般情况下，看懂线条、区域和其他符号是很容易的。地形图中的颜色和线条的粗细使得各种特征清晰可辨。例如，绿色区域代表植被，通常指森林；蓝色区域代表水，蓝色线条代表小溪流，无固定形状的蓝色区域可能是池塘或湖泊。我们可以很容易理解图中的内容，如果有疑惑可以参照图例。不同的图形特征用点、线条、阴影和文字标注。线条的粗细和颜色深浅按照图形特征的大小和长度体现不同的重要性，如房子用统一的黑色小方块表示，而大的建筑物用实际形状表示。在密集住宅区，大多数个人的房屋会被忽略，只用浅灰色或标准城市土地使用的颜色标注。在有些地形图上，主要公共建筑如邮局、教堂、市政厅或其他标志性的建筑可以在图例中找到相应的标识符号，墓地、机场和运动场所也有标准的标识符号。

地形图上最明显的特色就是棕色的等高线，其他特征也很容易辨识，如植被（绿色）、水（蓝色）和住宅密集区（灰色或红色）。整张地形图标有坐标方格，一个方格通常代表1平方英里。地形图上布满了网格，1平方公里用一个大方格表示，这个大方格是土地管理制度中的一个单位。地形图上还标有测地线，这是美国地质勘探局在全美国通用的土地系统。

不论是天然的还是人工的特征都用各种线条表示，如直线、曲线、实线、虚线、点线或各种组合。颜色的使用通常是指同样的信息：等高线（棕色）；湖泊、水流、灌溉渠和其他与水相关的地貌（蓝色）；土地网格和重要的道路（红色）；其他道路和轨道、界限和其他文化特征（黑色）。参照图例在USGS网站上可以找到清晰的图例分类。

地名包括城市、镇、县和其他地方，主要景观面貌都根据不同的面貌特征用不同的颜色标注。很多地质面貌和地名都有标注，如忠实泉村、密西西比河、洛杉矶、地铁站和高尔夫球场。

美国地质勘探局和其他国家的比例

世界上大多数国家的地形图在很多方面和美国的地形图相似。虽然各个国家使用的地形图在图形上有很多共性，但是不同点也确实存在，因此学生应该参照图例获得更准确的信息。各国地形图中一个最明显的区别是采用哪种测量制度，是公制还是英制。美国是较少数使用英制的国家。

美国地质勘探局出版的地形图使用不同的比例，大多数使用的比例为1∶24 000。使用这个比例包括领域7.5分钟经纬度，被称为7.5分钟网格图。美国的大部分区域都使用这个比例，除了波多黎各使用1∶20 000和1∶30 000、个别几个州使用1∶25 000，阿拉斯加大部分区域使用1∶63 360，人员密集的地方还是用1∶24 000。使用公制的国家的地形图使用相同的比例，1∶10 000为1个单元（1cm）等于10 000单元（cm），或者1m等于10 000m。如果读者有兴趣，练习一下就会很快熟悉地形图和有效使之服务于各种专业目的了。

6

第六章 你的位置

本章内容

- 如何使用参照系统准确定位场地的地貌特征
- 如何使用包含经纬度的坐标系
- 景观平整和设计项目的地形图
- 使用地形图确定现场的独立高程点和设计特征

地图语言

地图和文字一样，是一种交流方式，都是使用一套符号、遵循一套规则的语言，懂得这套规则的人可以安排或排序这些图形符号来表达一种意图。同样地，懂得这套规则的人也可以读懂和理解地图上的内容。地图上使用的规则来源于地质系统、地籍系统和图形规范。如果我们能学习和理解制图中的这些系统、符号和图形规范，我们就可以读懂一幅地图，并找到丰富的信息。

与不同的语言采用不同的语法规范一样，地图根据不同的使用目的可以分为很多种。基于某种目的制作一幅地图时，我们需要使用很多图形符号和规范。每种图形符号和规范可能是独一无二的，它所包含的图形语言只能在世界某个特定的区域使用或适合某种特定的物质。地图和语言都可以传达想法、描述、态度和价值。除此之外，地图还有标记和传递可测量的价值，代表三维世界的特质。我们可以阅读理解文字，也可以阅读理解地图。根据地图上的符号、线条和数字，我们可以确定地形的尺寸、距离、高度、物理面貌，以及很多自然特征和文化特征。制图者还提供方向，以及记录一块地产或一大块地上存在的东西。

如何寻找和定位景观地点或我的位置

针对图6.1中的“我在哪里？”这个问题，我们可以在图6.2中寻找到答案。人所处的位置或现场某个建筑特色（如建筑物的喷泉）可以和坐标系或网格的水平参照系统联系起来。其中，高度和纵向控制系统有关，纵向控制系统基于海洋高水位或指定的政府管辖的参照系统，如市政府。

图6.1 模拟照片帮助读者理解“我在哪里？”这个问题是有难度的。在没有可见参照物或参照系统的情况下，我们根本无法和别人交流我们的位置

“你的位置？”这个问题看起来似乎很简单，你可以回答：“我就在这里！”“这里”是哪里呢？格特鲁德·斯泰因（20世纪早期重要的作家）针对自己在加利福尼亚奥克兰的住址，说：“等你到达那里时，就不是那里了，就是这里。”在一般情况下，这里或那里的答案需要人们进一步解释清楚，如“我戴着蓝

色的棒球帽，站在35街和百老汇交接处的西南角”。为了避免误解，你还可以加上“在纽约市”。大多数人可以从你的描述中找到你，从人群中把你找出来。

如何恰当地回答“这里是哪里”，图6.3所示形象地说明了另一种复杂性。图6.3中的水泥柱和遍布荷兰其他地方的几百个水泥柱一样，是几百年以前安装的。安装水泥柱的时候，地平面与水泥柱的顶部平齐，该水泥柱见证了每个地点地面下沉的程度。在这种情形下，地面下沉的程度已经超过了6英尺。选择这张图的另一个目的是，它体现了景观或地点的短暂性。有些区域地面下沉，有些区域横向移动，也有些区域被冲垮或被侵蚀。有些区域不只是发生变化，消失都有可能发生，有时候会很慢（如海平面上升），有时候会非常急剧（如地震引起的山体滑坡）。

根据图6.2中的信息，地面上建立一个*X*/*Y*轴的坐标。这个坐标属于美国地质调查或州坐标系的一部分，并且能够通过这些已知的参照系统找到坐标位置，这些信息才是有效的。坐标系是美国地质调查或国家坐标系统的一部分。

图6.2 在图6.1的基础上标了水平控制和垂直控制

图6.3 荷兰代尔夫特附近一处农田的高度标记。地面与水泥柱顶部的高度差代表此处地面下沉的程度

坐标提供了一种建立平面控制的方式，在图6.2中竖线代表高程控制。如果附近（如城市）可以搜索到平面和高程控制参照系统，则可以重新建立坐标系。在这个例子中，我们可以定位标的地界上人的位置和他的高度。

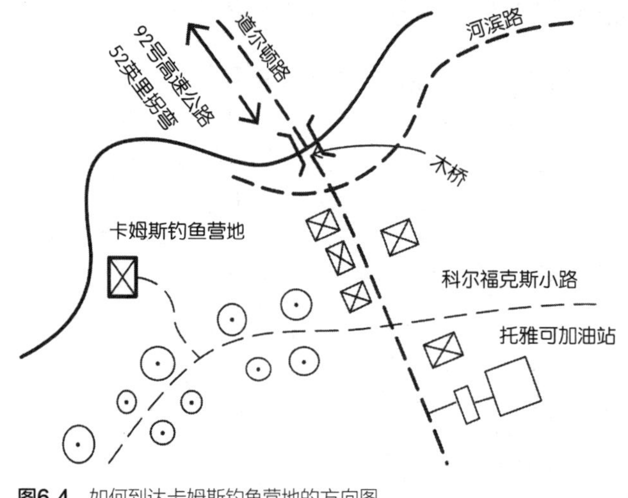

图6.4 如何到达卡姆斯钓鱼营地的方向图

制图的目的有很多种。图6.4使用道路、路标和建筑特征为游客指示到达目的地的方向，该图是用来传递信息的二维地图，它是使用最普遍的地图。这幅手绘地图为游客指明了如何到达卡姆斯钓鱼营地。该手绘图可能画在一张纸片或纸巾上，并没有过多考虑尺寸或比例的准确性。为了达到效果，手绘图只需要将重要的物理特征（道路、树木、建筑和桥梁）准确标注就可以了。在图6.4中，唯一的数据参照的是92号高速公路拐弯处到道尔顿路的里程。图6.4只包括最相关的信息，没有画指北针，这可能对游客没有直接的用处。

图6.5A ~ 图6.5C是三幅手绘的藏宝图。与图6.4一样，图6.5的目的是提供方向（点*X*处就是宝藏所在地）。图6.5A所示的信息是不足以让寻宝人找到宝藏的，因为它没有给出任何提示告知图中所示的岛在地球的哪个地方。图6.5B明显比图6.5A意义重大，因为它包括经纬度，这样使得寻宝人知道在地球何处开始寻找宝藏。图6.5C提供了尺寸，可以知道平行距离。针对较大的岛，还画出了等高线，虽然没有显示等高线的高程，但该图也能让寻宝人很清晰地知道地势和地形，并且按照此图寻宝人可以以正确的方向到达岛南部的山峰。假设

只用剑探测一下和尝试戳几个洞就能找到宝藏，在缺少经纬度提供的平面控制、里程数和等高线的情况下，只通过图6.5A找到宝藏是不可能的，除非和图6.5C一样，在图中加上辅助图形提示，如等高线和图形或提供点*X*的文字描述。

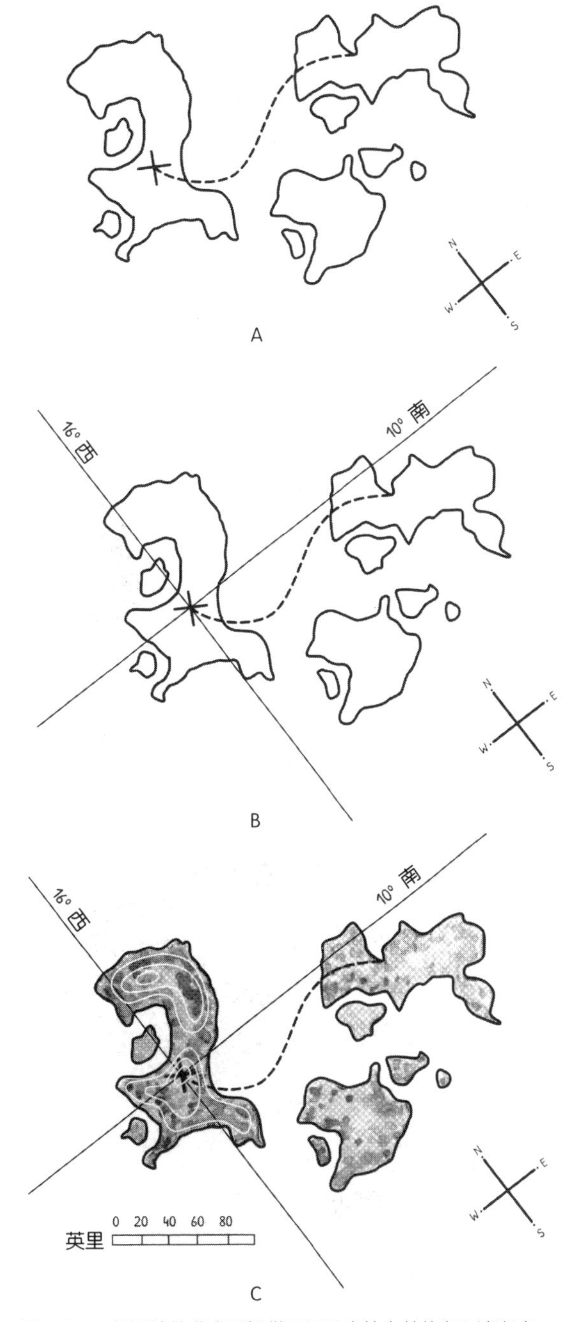

图6.5 三幅手绘的藏宝图提供不同程度的有效信息和清晰度

不同用途的地图

图6.4和图6.5强调地图的目的性，按照具体情况提供一系列的信息和细节描述。按照地图的使用目的和当时的情形指定一套参考数据能更有效地完成一项任务，如定位地球上的某点或寻路。在图6.4中，地图的关键信息包括相关路标和它们的位置与顺序，这就足够了，画图的质量和精确度并不重要。图6.5C包括尺寸、已知平面参照系统、等高线和岛的形状，按照该图能使寻宝人找到宝藏。虽然岛的等高线是否准确并不重要，但是对地形的估算还是有必要的。

上述内容和平整方案有什么关系呢？

有效的平整规划需要一套规范信息。规划平面图是地图的一种，它用二维形式呈现了一套空间信息。前面的章节已经讲述了平整方案所需要的信息，而且第四章也讨论了平整方案需要使用一套制图规范。

坐标系

经纬度：地理坐标系统

能够确定地球表面上点的位置的系统叫作地理坐标系统，这个系统用经纬度形容地球表面的地理位置或物理特征。纬线和赤道平行，纬线从南到北将地球平分为180份。赤道是参照线或纬线的开始，被认为是0°纬线。从赤道向北至北极，度量的纬度叫北纬，如北纬20°、北纬56°，北极是北纬90°；从赤道向南至南极，有南纬20°、南纬56°，南极是南纬90°，如图6.6所示。

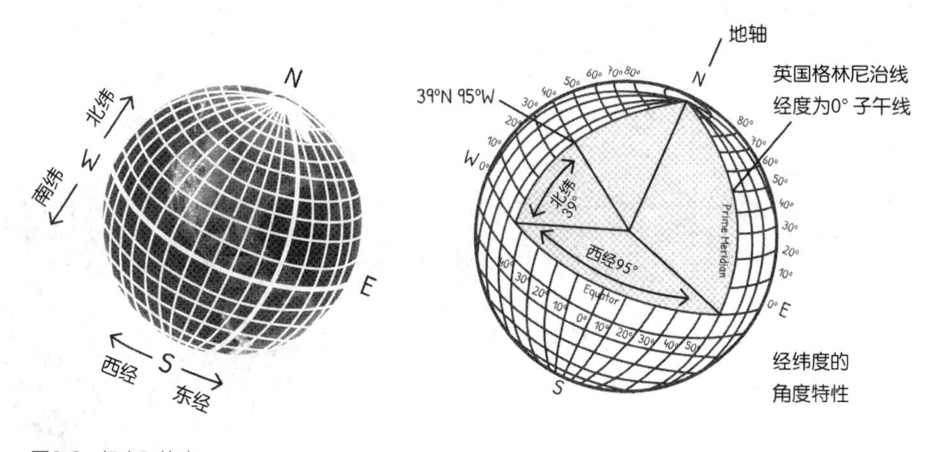

图6.6 经度和纬度

经线垂直于赤道，相交于南北两极。经线的参照线是英国格林尼治线，它被称为0°经线。经线从赤道向东、向西各自将地球分为180份。在图6.5C中，宝藏的位置在南半球：南纬10°，接近格林尼治线；西经162°。

地理坐标系统适用于航海，其他系统用来辅助土木工程师、土地调查员和景观设计师。长期以来，这些系统用来定位和描述地界线和产权细分，或者任何与产权和所有权有关的情况、土地调查和地形、场地规划和场地平整。这些土地调查系统和地理坐标系统有很多相同点，它们都需要建立一个参照系。在美国，基准参照系统包括基准线（类似于与赤道平行的纬线）和主子午线（类似于经线）。由美国联邦政府建立的分级坐标镇区和范围线坐标称为美国公共土地测量系统（见图6.7），美国地质勘探局和美国土地管理局负责维护这个系统。各州选定一个基准点，并在此基础上建立平面直角坐标系，这个基准点一般设置为永久性图标，有时是刻在水泥柱或石头上的黄铜盘，有时是基点标志树（见图6.8A和图6.8B）。这些地标和它们的位置记录在国家日志中，以便未来开展调查活动，如划定产权、公路和铁路路权、市镇界限等。

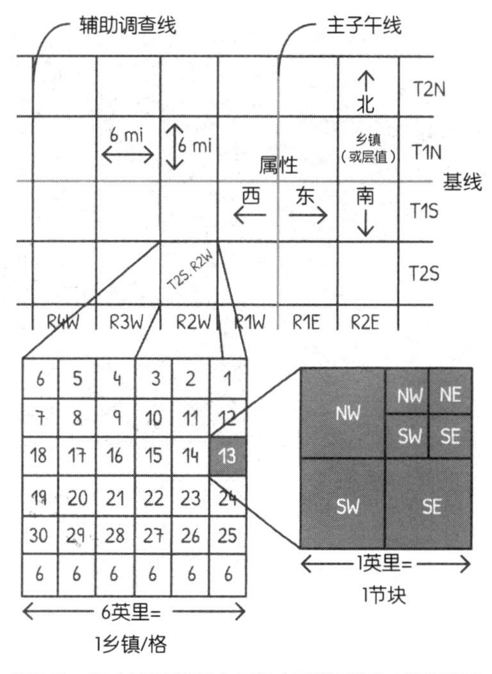

图6.7　每个镇区有36个区段（区段长度为1英里乘以1英里）

每块地如城市住宅地、住宅细分、农场、校址等都能在联邦或州立土地调查系统中找到划分依据。每块地的地界线在市政土地处或公共工作部门都有记录，记录按照基准参照系统和土地调查系统描述。通常，当地的土地调查系统是结合镇区与范围线系统的精细网格。界定个人土地边界线的拐角也和这个系统有关，其中拐角基于最近的基本点。基准参照系统由当地政府管辖和维护。任何一个基准点都可以在地产所在地的市级或县级土地登记处找到相关资料。

图6.8A 美国地标

图6.8B 中国地标

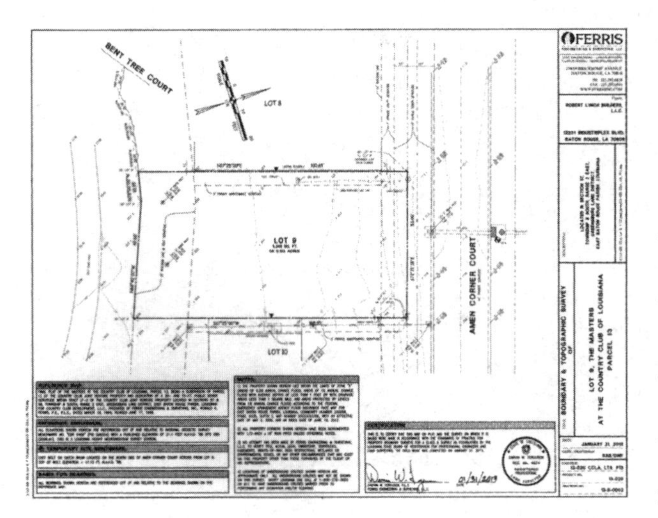

图6.9 产权图

土地参照系统

图6.9所示是一张产权图。这张图由土地调查员绘制，图上显示地界线、长度和方向（方位）、面积、周边道路情况、其他图例及标记描述的相关信息。通常，由土地调查员绘制的产权图显示根据最近参照或基准点建立的原始地界标石。产权图具有法律效力，由地产所在地政府管辖部门记录在册。之后，当产权人决定在这块土地上建造房子或其他建筑物、建设车道或人行道路，以及做其他改进时，都必须雇佣土地调查员进行地形调查。地形调查也需要基于基准点建立的等高线和由高程点构成的参照系统。

参照地界线和地形信息系统来定位或确定地产中所有建筑特征的高程，这些信息是地产的合法描述。所有与制图相关的信息、土地平整方案都需要参照综合县市州的土地调查系统。这意味着承包商建设图纸上的建筑时或做平整规划时，能够准确定位设计师准备的方案——图纸上的线条。相似的土地和地形参照系统可以在全世界任何国家、州、城市找到，这些系统具有很多相似性，如与国家土地和地理空间参照系统相结合。

持证土地调查员

如图6.9所示的产权图和地形调查图由持证土地调查员提供。土地调查员提供的地形调查图是景观设计师、土木工程师、建筑师工作的基础。土木工程师或景观设计师根据地形调查图进一步开发和设计土地平整方案和排水方案。所有特色建筑如建筑物和其他结构、车道、人行道、地面铺设、游泳池、广场和其他特色建筑，都需要参照土地调查员绘制的地界线和地界标石来定位。施工文件包具有法律效力，由持证的专业人士按照方案规定的规范和地理参照系统建立。每个专业人士的工作都需要遵守相关设计安全标准及其他保护健康、安全和大众福利的法规政策。

景观设计师在准备平整方案时，为了让承包商的建设达到理想状态，会提供关于在建现场地形最好、最准确的信息。有效的平整方案应提供尺寸、地界边或地界线的准确位置，以及准确的地形信息和平面坐标系统。平面坐标系统和已建的清晰的基点有关，如根据地界标石，承包商能够对场地上任意一点进行准确定位和确定尺寸，包括新旧建筑物和拟建的设计要素（如地面铺设、人行道），以及测量它们的具体高度。设计师或承包商通常会建立覆盖整个地产的坐标（25英尺、50英尺或100英尺），根据平整方案先绘制坐标，然后根据网格交叉点在地面上打桩。承包商使用坐标确定平面控制，帮助他或她确定方案要素（建筑结构、车道、停车场、景观区域和其他要素）的位置。坐标同样重要的第二个作用是把方案中的高度转到地面上。垂直控制由地形调查员提供。拟建等高线需要拟建的高程点的支持和细化。

定位建筑物和其他地面要素

根据图6.10中的坐标系统，承包商可以定位拟建的建筑或建筑群和其他结构。图6.11中最下面的水平线标记为北，0或N0.坐标增量为50一级。建筑物的一角处于南100英尺和东112英尺的位置。如果你测量0网格线下的距离，建筑物的一角落在10英尺的位置。值得注意的是，建筑转角落在垂直线东100英尺与150英尺之间。如果你测量东100英尺的距离，建筑转角落在东100网格线或东1120英尺偏东12英尺。建筑转角的具体位置是：南100英尺，东1120英尺。承包商会继续使用坐标系统定位其他转角。建筑师或景观设计师利用坐标系在立桩标界和布局图中标出所有的建筑转角。平面图属于施工包的一部分。

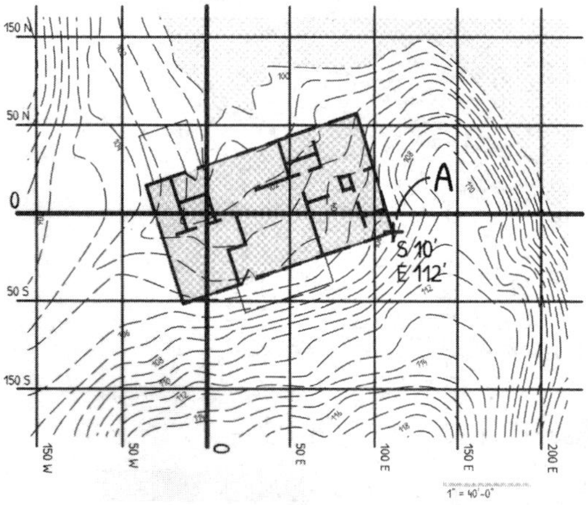

图6.10 某地块的50'×50'坐标，以现有地界线和测量标志或政府参照系统为参照

通常，我向学生分享施工现场的故事时，会时不时地引起他们的笑声或置疑的眼神。我曾分享过一个故事：一个承包商打电话问我公司设计的工程打算把停车场建在哪里，我立即说，你去看看我在图纸上画在哪里。然而事实是，建筑物与地界线之间并没有足够的空间建设停车场。一次我和承包商

去现场，我们测量建筑物与地界线之间的距离时，发现了误差，建筑物与地界线之间的距离比布局图上的距离短。这是怎么回事？我们得到了几种可能的解释，但是最终发现，那个建筑物并不是建在我们所认为的地方，我不得不返回工作室根据新的尺寸修改停车场的布局。

这个误差可能的解释是原始调查没有准确测量，地界转角的位置同当地基准线或产权记录存在误差，建筑物的地桩位置可能不准确，所以出现了实际布局和景观设计师的现场布局与立桩图不一样。我说这个故事的意义在于在地球表面定点并不是容易和直接的事情。产权图或其他任何人给的图都可能出现错误。作为专业人士，我们必须尽职调查，审核别人做的工作。错误出现的原因可能是匆忙或交流上存在误差。例如，一个测量数据为2498英尺却被记录为2489英尺，8和9弄颠倒了。当人们匆忙、疲惫、压力大的时候，会把数字弄颠倒。

停车场的故事并不是独立事件，这种事情比我们想象中要多。为了避免类似事件的发生，我们做设计之前要先进行实地勘察。当现场已经有在建建筑物时要特别慎重，确保方案中的建筑物确实在现场。花时间去确认建筑物或其他结构的位置，会避免在建设过程中出现成本增加的问题。

所以，在景观设计和平整规划中回答“我在哪个位置”，可以使用USGS地形图或当地管辖部门的参照系统定位。一个或多个地界转角确定后，将这些转角与管辖系统联系起来，任何点或一系列的产权中点、线和物体都可以在网格系统中找到。使用坐标参照系统，拟建设计要素如建筑物、停车场或车道都可以确定规模，建立基于附近政府基准点的地界线标识。这些基准点可以在当地的市、县或州的公共工程或规划部门搜索到。

7

第七章 等高线

本章内容

- 使用等高线的图形规范表现和传达地形
- 如何使用等高线创造不同的地形
- 如何确定景观中各种地质特征的坡度和准确高程
- 如何使用等高线确定斜坡和铺设面

引言

本章的重点是在土地平整中等高线的使用，下一章将着重介绍独立高程点的使用。等高线和独立高程点是设计师设计斜坡、三维模型，最终形成平整方案的基本工具。等高线帮助设计师勾勒出设计的景观模型，独立高程点能提高设计的准确性，帮助设计师进一步细化平整方案。在平整方案中等高线用于填补空白，提供人造景观与道路、墙面之间过渡区域的重要信息，如尺寸和独立高程点确定墙面的高度，等高线提供墙面与邻近景观之间过渡区域的信息。当设计车道、人行道、轨道和铺设区域时，等高线提供了类似的过渡功能，高程点保证承包商进行平整时的准确性。设计师提供给承包商的平整方案包括等高线、独立高程点和斜坡设计。承包商只有拿到由这三个要素构成的平整方案，才能建造设计师设计的建筑。

图7.1 位于加州洛杉矶的盖蒂博物馆花园

图7.1所示是位于加州洛杉矶的盖蒂博物馆花园，它的平整方案包含等高线和独立高程点。一般而言，设计师能说出设计图中墙面和铺设区域的关键高度。场地平整方案主要根据等高线确定草坪地貌和升高的区域，使用标高确定高点和低点。从人行道到草坪和景观区域都需要使用等高线表现设计师的意图。

读懂景观

读懂景观需要视觉线索，有些景观是自然形成的，有些景观是人类活动的结果。当地质地层的外部结构呈层状，像书架上的书平行或倾斜排列时，其地质历史一目了然。如图7.2所示，从绿篱划分的产权线或牧场地块可以看出土地产权形式和农业管理方式。绿篱的排列似乎是相同高度的线或等高线。

等高线：二维的语言

等高线是人类的创造，和字母、数字一样用来交流和描述世界。“BREAD”这个单词由一系列象征——字母表中的字母组成——传达了一个概念或具体事物。当读者在纸上看到“B-R-E-A-D”这几个字母时，会理解成一块或一片面

图7.2A 文化景观

图7.2B 等高线体现文化景观的地貌

包。当等高线和数字遵循同一套规则时，可以表达某种意义或让读者联想到某个形状或景观。然而，如果相同的符号没有遵循同一套规则就无法产生任何意义。懂得构词法的作家可以创造新词，通过“句子结构—句法—创造”传达意义、描述情感和场面或其他目的的句子。等高线和句子一样可以看作交流工具，是设计师使用的图形工具，用来想象或用二维的方式在图纸或电脑上体现景观（三维的）。设计师绘制的二维等高线或地形图用来传递设计意图（如地形改造），传达给客户、政府审查委员会或承包商。

平整平面图包括等高线、独立高程点、一系列标准符号、数字和字母的注释。承包商在现场通过移动土方来构造理想的地形，当建设各种结构、户外使用区域和人造景观时，都需要平整方案的指导。

土地调查员在地形和土地调查图中绘制等高线并存档。土地调查员编制地形图时需要使用航拍图片进行测量，或者需要同伴使用测量工具实地测量，并对航拍图片或实地测量所得到的信息（数据点）进行分析，通过对数据点的数学建模，转换为我们所知道的等高线（代表高度的线）。在景观区域标注等高线就可以为我们提供改造地形或建设地基的可视化工具。

在场地建设中，等高线不仅帮助我们理解高差、可视化自然景观，还可以用于体现倾斜的平面或墙面和台阶等的三维状态。图7.2B中的等高线可以帮助我们理解二维结构的等高线和它体现的三维世界。

标有等高线的景观是什么样的

图7.3～图7.6所示是真实世界中的标有等高线的三维景观。在这些例子中，等高线能帮助我们更好地理解地面的波动起伏。图7.3中的等高线使台阶更具有雕塑感。在如图7.4所示的波动起伏的景观中排水沟愈发明显。图7.4和图7.5中的排水沟画上等高线后，就成了具有雕塑感的景观。从图7.5A和图7.5B可以看出排水沟的水流方向，通过排水沟，水流持续流向涵洞。图7.6中的排水沟与道路平行，雨水或径流流向尽头的涵洞里。

图7.3 加州洛杉矶一处通往地下美食广场和公共场所的台阶通道

图7.4 葡萄牙橡树稀树草原地区的天然排水沟

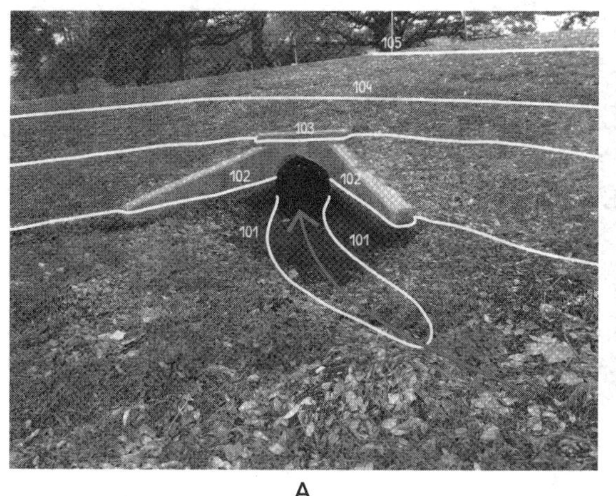

A

B

图7.5A 公路涵洞的等高线特征与图7.4中的排水沟相似

图7.6 标注有等高线的大学道路缘线的排水沟

图7.7A所示是按比例绘制的拟建平整方案的研究模型。模型由叠堆纸板制作而成，每层代表一条等高线，使得等高线非常突出，景观波动的形状也一目了然。图7.7B所示是一张带有圆形露天广场的城市广场图片。虽然这些工程来自世界各地，但是圆形露天广场的模型是相似的。在这两种情形中，梯台座位或台阶大致平行，实际上与等高线的形状相同。

图7.7A 通过构建研究模型可视化拟建平整方案
图片来自罗杰西景观专业学生 美国路易斯安那州立大学罗伯特·莱许景观学院

图7.7B 葡萄牙塔维拉的圆形露天广场

等高线之间的间隔（等高线之间的距离有时很窄，有时很宽）说明了景观中地形的相对坡度。等高线还代表了土地的立体三维形状，如山、峡谷、河流、平原和平地。等高线是设计师用来操作景观的图形工具，像用黏土做雕塑一样。通过转换和安排原有的等高线，我们可以实现设计意图或目的，如做一个球场、圆形露天广场或自行车车道。与人们用线勾画网球场、广场或建筑一样，等高线显示户外使用区域的三维形状与高程情况，包括铺设区域、墙面、引导水流的排水沟和用来遮挡不美观的风景或减少工地外交通声音的护道。

图7.8A中的三条线为等高线，看上去像普通的波浪线。如果波浪线被当作等高线，则应该加上其他信息。第一，等高线需要标有高度，如图7.8B所示，最低的线标为101（已知基准线为101英尺），中间的线标为102，最上面的线标为103。第二，我们需要知道制图比例。根据比例，我们可以进行各种计算，如计算等高线101与等高线102之间的坡度，如点*A*所示。点*B*在等高线101和等高线102中间，等高线之间的任意点都可以根据比例计算出来。

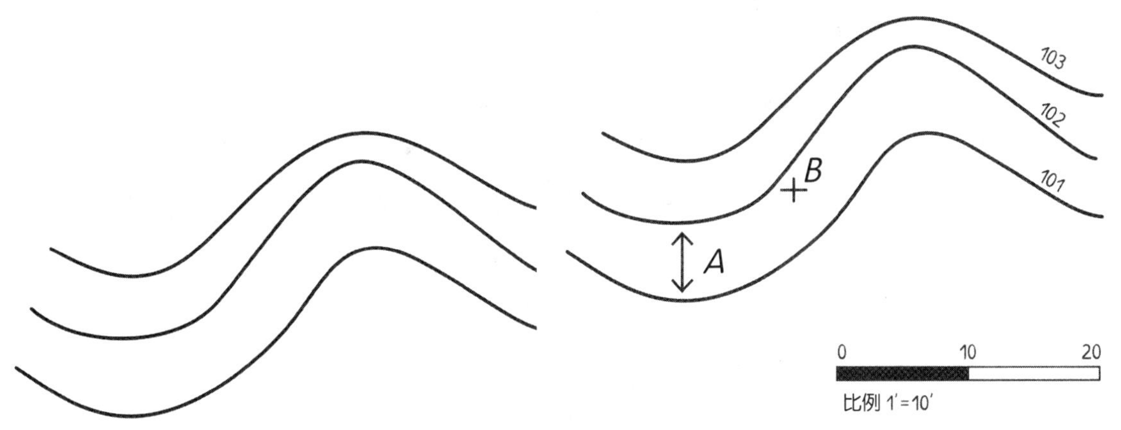

图7.8A 三条波浪线：它们是等高线还是其他线呢？这三条波浪线需要多少额外的信息才能用来表示等高线

图7.8B 同样的三条波浪线，因为标注有额外的信息，因此不会被误认为是其他线，只能是一组等高线

等高线的意义不仅是纸张上的线条，而且是代表海拔高度相同的各点的连线，每条等高线代表一个高度。土地调查员利用场地或航拍图的测量数据制作出等高线图。地形图由土地调查员绘制，包含代表地形地貌的等高线和独立高程点。地形图除了等高线，还包括产权线、原有特征（如植被和结构）、设施或其他可通行设计，以及地上、地下的重要特征。

图7.9所示是由专业土地调查员提供给客户的地形图。图7.10所示是土地调查员正在停车场收集高程数据。这些数据用于制作地形图，也用于改造停车场或解决停车场的排水问题。

图7.11中的基准点位于伊利诺伊州芝加哥市库克镇，这个基准点于1997年收录于芝加哥洛浦区的网格图中。

图7.11中的基准点位于海拔598.95英尺处。在美国地质勘探局查询E-134可以找到关于此基准点的高度和其他信息。此基准点的中间刻有E-134（独一无二的序列号）和埋入地下的时间。以下是来自美国地质勘探数据库关于此基准点的物理位置描述。

图7.9 由专业土地调查员绘制的地形图

图7.10 土地调查员正在停车场收集高程数据。这些数据会被用于改造停车场或纠正停车场的排水问题

图7.11 美国地质勘探局地形图的基准点

根据海洋与土地测量局的描述，该基准点位于芝加哥西北部5.8英里，伊利诺伊州中央铁路局北沿密西根大街2.35英里处，即北沿湖滨车道0.7英里，西北大街向西2.7英里，密尔沃基北大街向西116英尺，西北大街向北8英尺，垂直设置面向南方，2018号楼西门向西4.3英尺，距离该楼西南角4.8英尺，高于人行道约3英尺。

等高线的介绍

景观设计师和土木工程师在绘制类似于如图7.12所示的场地平整平面图时，应使用专业土地调查员为创建土地或地形测量图实地调查获得的基本信息。等高线和独立高程点是设计师与承包商沟通所需的图形工具，用于原有场地地形或土方工程修改，以适应建造结构或活动区域。地形图上所标注的高程参照海洋表面的平均海拔高度，平均海拔高度取自高低潮的平均值，海平面高程被认为是零等高线。图7.13中的虚线表示平均高潮位或零仰角，等高线1表示1英尺海拔高度，等高线2和等高线3代表每增加1英尺的高度。图片上标有等高线的意义在于可视化等高线与高程的概念。

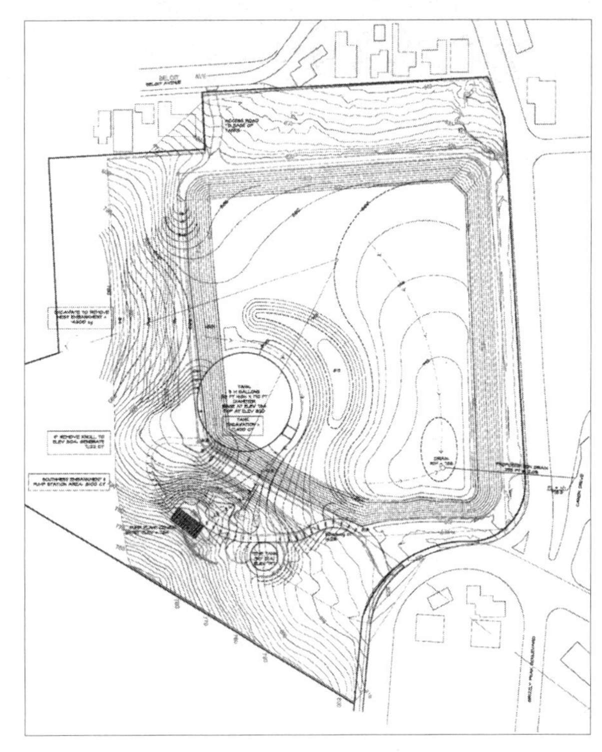

图7.12 场地平整平面图

图7.14显示了斜坡堤上标有虚线表示的等高线，等高线代表3英尺的等高线间隔，即从一条等高线到下一条等高线的高差是3英尺。

图7.13 太平洋沿岸代表等高线的层层波浪。每条虚线表示一条假想的等高线

图7.14 等高线的高差为3英尺的斜坡堤

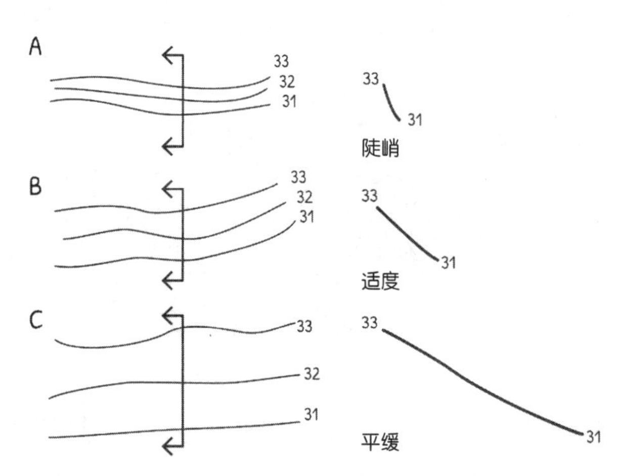

图7.15 陡峭的（A）和较平缓的（B、C）斜坡在它们相应的剖面图中等高线的间距比较

图7.15由三个图组成，可以帮助我们理解等高线的高差与陡峭和平缓的斜坡的关系。该图显示了平面图中斜坡条件不同时等高线的绘制方法。等高线之间的距离越小，表示斜坡越陡峭；距离越远，表示斜坡越平缓。

等高线之间的距离越近，表示斜坡越陡峭，图7.15A所示是等高线平面图和剖面图，图7.15B和图7.15C所示表示等高线距离越大，斜坡越平缓。在同一张图中将平缓斜坡等高线之间的水平距离和密集等高线之间的水平距离进行比较。平整平面图中的斜坡用坡度表示，水平距离为100英尺的两条等高线之间的坡度为1%，即10′/1000′=0.01或1%。假设等高线的间隔为1英尺，则10英尺的等高线代表10%的坡度，即10′/100′=0.1或10%。停车场的坡度可以低至1%，高至3%或4%。网球场的最大坡度为2%，坡度为1%～1.5%时，运动员才会感觉舒适。城市广场坡度的变化可以设计为1%～1.5%，并在某些情况下，光滑混凝土表面的坡度可以小于1%。广场表面的坡度为3%或4%时，会让人感到“陡峭”或不舒服。事实上，在某些情况下，坡度为3%或4%的缓坡是可以让人接受的。在原有地形多样化的情况下，如果从一端到另一端的高差为100英尺，那么两幢建筑物之间及建筑物与停车场或户外使用区域之间的小道或人行道就会存在陡峭的斜坡。在这种情况下，人行道的斜坡坡度可以是4%或5%，但最大不能超过8%，以满足美国残疾人士的流动性标准，如图7.16A和图7.16B所示。

A

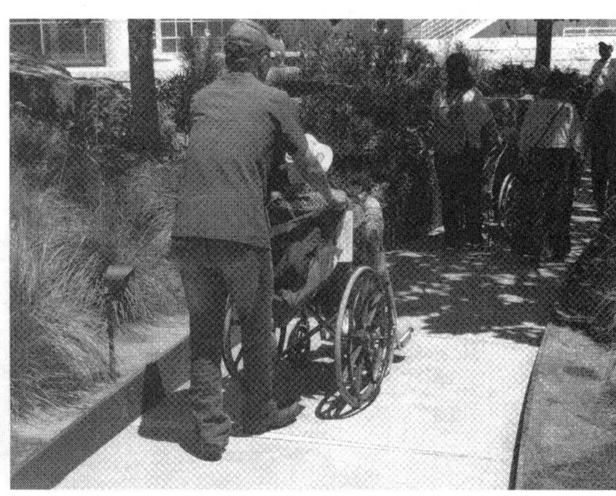

B

图7.16 在加州洛杉矶的盖蒂博物馆，从花园到博物馆建筑的陡峭坡道上提供轮椅通道

图7.17所示是堤岸的剖面图和平面图，等高线之间的距离由字母*H*表示。两点之间或等高线之间的高差除以它们的水平距离就可以计算出表面坡度（水平或倾斜）。如果等高线100与等高线106之间的水平距离是20英尺（按照比例在平面图中测量），那么坡度为6′/20′=0.3或30%。

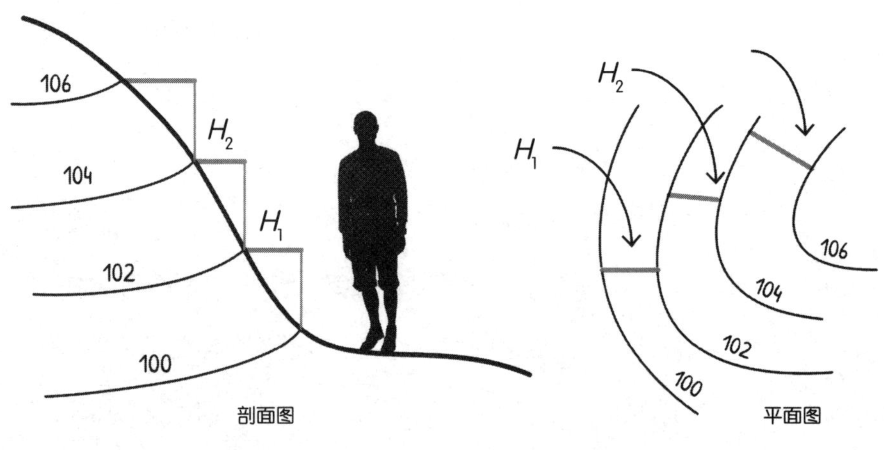

图7.17 堤岸的剖面图和平面图

图7.18给出了一系列图，每张图都有三条相同的线，但是有不同的附加信息。图7.18中的1号图只画有三条线，没有任何额外的字母或数字信息，我们只能猜测这三条线的含义。为了使这些线变得有意义，且被识别为等高线，必须添加附加信息，如图7.18中的2号图所示。图7.8中的2号图的每条等高线都标有高程，这样我们就知道了这些线代表的是低高程点为101和高2英尺的等高线103。根据比例（10英寸=200英尺）可以计算出坡度（见图7.18中的3号图）。斜坡坡度可以通过等高线的垂直距离（如等高线101与等高线102）和水平距离算出。

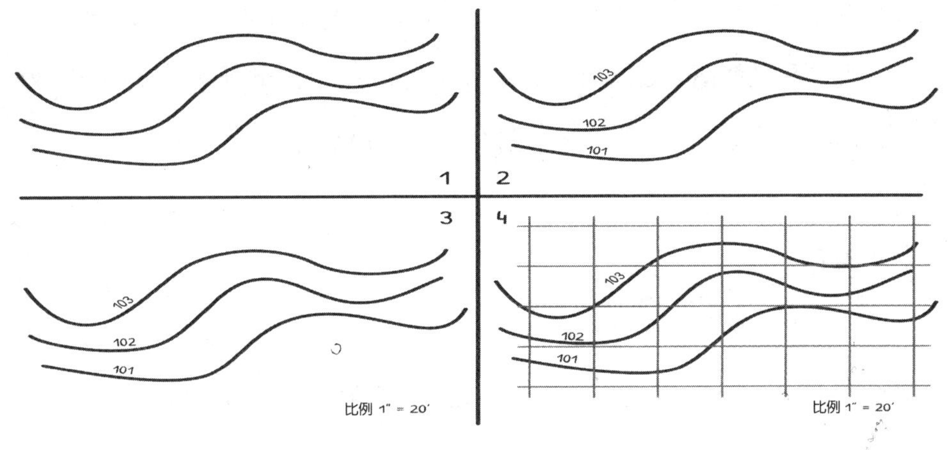

图7.18 三条普通的线分别加上等高线的高程、比例和网格，它们的意义就不一样了

图7.18中的4号图加上了网格线，网格线有多种作用。假设网格参照的是现场地界线，承包商能够精确地确定任何原有的或拟建对象的确切位置，包括网格内任何交叉点的精确高程。承包商可以根据每个网格交叉点的理想高程在地面上立桩。桩的栅格模式可以指导土方作业和执行设计师的平整方案。第十章将详细介绍如何计算独立高程点和坡度。

平面图和剖面图中的斜坡

剖面图是开发平整方案的工具之一。剖面图帮助设计师快速可视化正在研究的地形，以及在决策前看到一个或多个拟建平整方案的效果图，以便决定哪个设计方案更好。剖面图应显示出地形与其他元素的关系，如建筑物之间拟建的路面或一系列铺砌表面的形状。当涉及结构时，剖面图可以让设计师更好地了解结构如何满足地面与相邻的景观之间的过渡。剖面图通常包含在建筑图纸中，提供在平整方案的平面图中不容易实现的更多细节，并指导承包商施工。

剖面图与平面图相比，能更好地向承包商和其他人表达设计师的设计意图。虽然平面图和剖面图都是二维图纸，但是剖面图更能体现平整方案的三维效果。剖面图的构造是一个多步骤的过程，如图7.19A ~ 图7.19E所示。

步骤A

首先，在地形图或平整方案中画一条截面线（有时也称剖面线），并将其标注为*AA*。设计师设计平整方案时在平面图中必须使用同一比例。

其次，绘制一系列与平面图相同比例的等高线，垂直比例通常是水平比例的3倍。如果平面图的比例是1∶20，垂直线是每隔3英尺画一条，地形图下方的等高线被分成3英尺的间隔。

步骤B

找到地形图的截面线，这条截面线切割了平面图上的每条等高线，从截面线到下方对应的每条等高线画出垂直线。在这种情况下，我们可以从地形图的中间到等高线35画出两条垂直线。通常，设计师会从左到右而不是从中间开始画垂直线。

步骤C和步骤D

继续沿着截面线*AA*画垂直线，切割下方的等高线，直到平面图中所有的等高线都被定位了，然后连接等高线上的点就得到了如图7.19D所示的剖面图。剖面图体现了原有地形中间有小山，旁边是峡谷。

步骤E

步骤E就是改变平面图上原有的等高线，构造适合建设的平坦或坡度小的区域。为了创建水平区域，等高线被重新定位以重塑原有的地形，适应建筑工地、道路或其他土地利用区域的创建。等高线的重塑过程将在后面的章节中讨论。一旦等高线重新定位完成，设计师就会使用同一条截面线构造新的剖面图，根据它们与截面线切割等高线的点投影的新等高线构成新剖面图。通常，新剖面图会用实线绘制，原有的剖面图用虚线绘制（见图7.19E）。当图7.19E中的实线位于虚线上时，需要填充材料；当实线落在虚线以下时，需要切割材料。

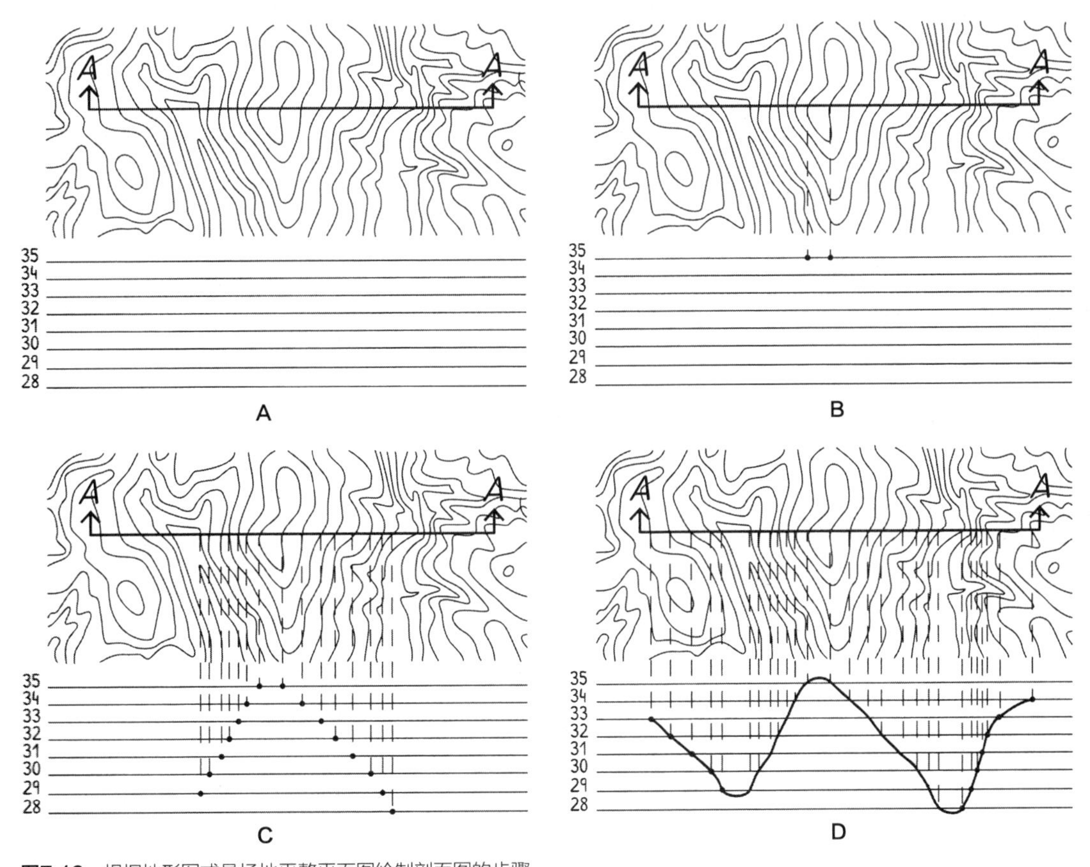

图7.19 根据地形图或是场地平整平面图绘制剖面图的步骤

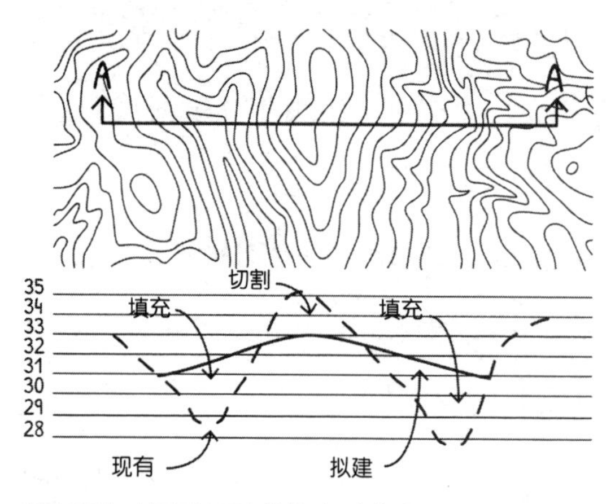

图7.19E　剖面图中原有的地形用虚线表示，拟建的地形用实线表示。现有的和拟建的等高线和地形分别用虚线和实线表示是制图中的规范

8

第八章
地貌特征

本章内容

- 地貌特征的概念

天然地形和平整方案之间的关系

地形图上的等高线具有非常具体的形状或形式，每种地形在平面图中都有可识别的排列或等高线，而且具有等高线平面布置，其通常被描述为等高线或地貌特征。在图8.1中可以看到四种地貌特征，其中A区是一个土丘或小山，B区是河谷，C区是凹地或凸形地，D区中几乎平行的等高线表示的是坡度均匀的斜面。

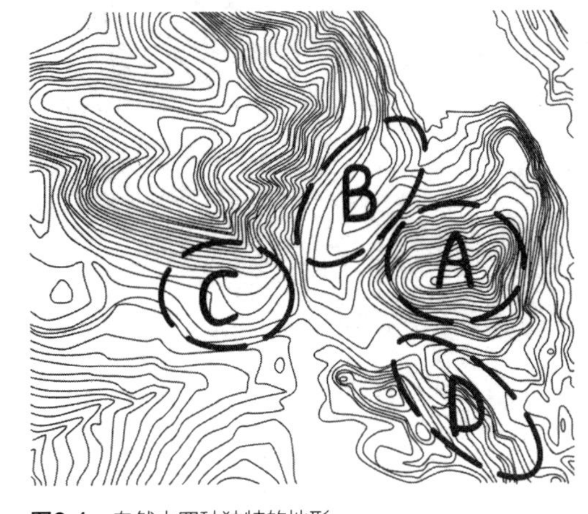

图8.1 自然中四种独特的地形

土丘或小山的等高线在平面图中显示为同心圆或不规则的同心圆，如图8.1A中的区所示。河谷（见图8.1中的B区）有它的特征，等高线的排列像V形，底部尖，呈切入状，一般是由河流或排水沟长期冲蚀形成的峡谷。另外，具有宽阔平底的是冰川侵蚀作用形成的河谷。C区是一个凸形的山坡，D区是一个陡峭的路堤。常见的地貌特征会在以下材料中描述。图8.2所示是路易斯安那州立大学校园中的一座小山或山丘（称为印度丘），图8.2A所示为在实际景观中绘制了等高线的图片，图8.2B所示为同地形特征的等高线在地形平面图中的体现。

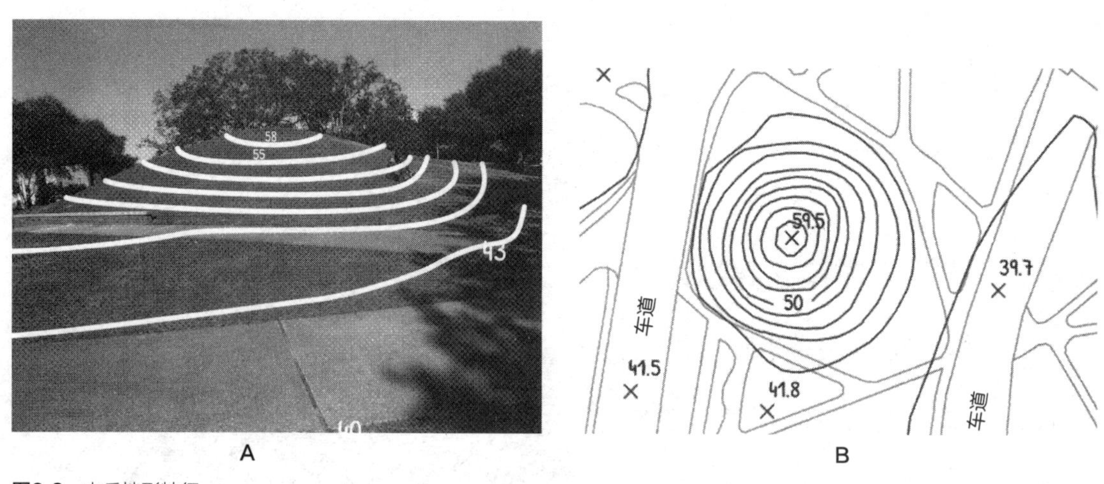

图8.2 山丘地形特征

图8.3A所示是绘制了假想等高线的车道。图8.3B所示是等高线的平面图。值得注意的是，等高线沿着车道向下弯曲，车道的形状像一个王冠，将水引到车道表面的外边缘。

在图8.4A中，等高线向上倾斜形成一个洼地或河谷地貌，而路面上的等高

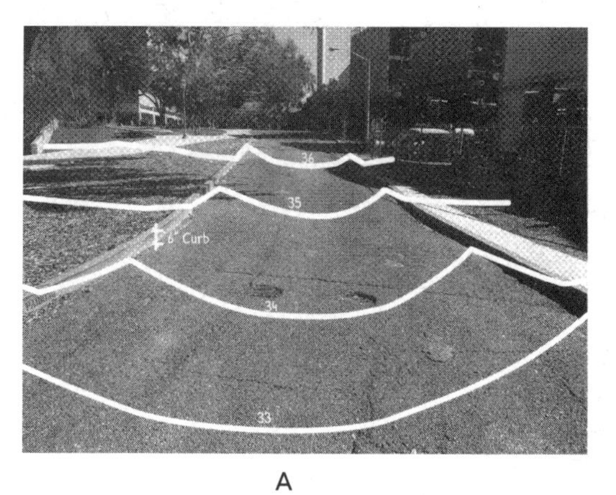

A

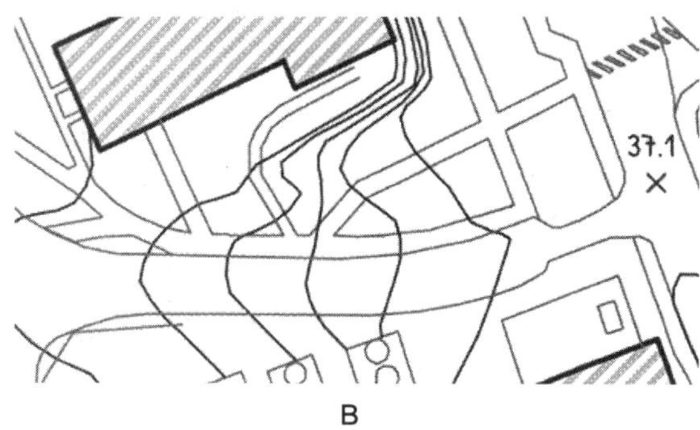

B

图8.3 凹地地形特征

线向下倾斜形成凸形地貌。图8.4B所示是图8.4A所示区域的平面图。我们可以很容易看到等高线沿着北侧形成了排水沟，以及沿同一条路的中心线形成了凸形横坡。

图8.5所示是当等高线互相平行时的斜坡，从图8.5B中可以看出等高线在平面图中的体现。图8.6A显示了一个简单的水平或平坦区域；从图8.6B中可以看出等高线间的水平距离，周围倾斜的路堤围绕中间平坦区域，且路堤相对陡峭。

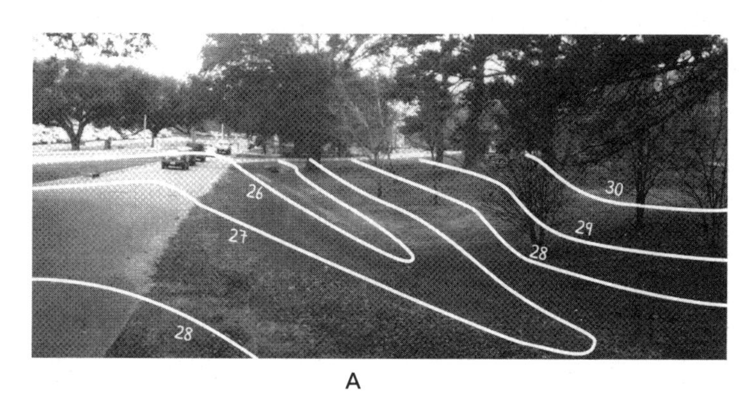

A

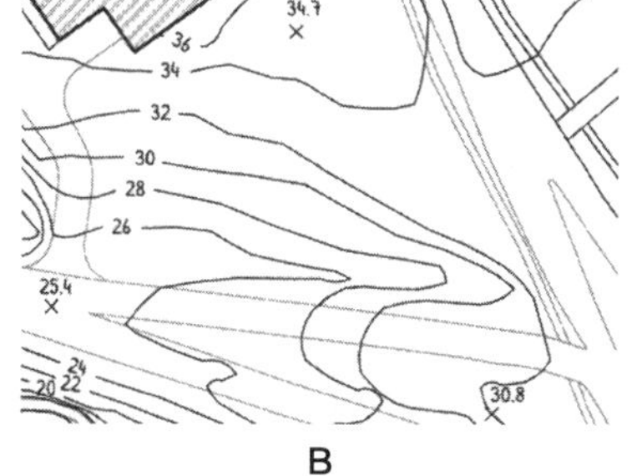

B

图8.4 河谷、沟壑及排水沟的地貌特征

A

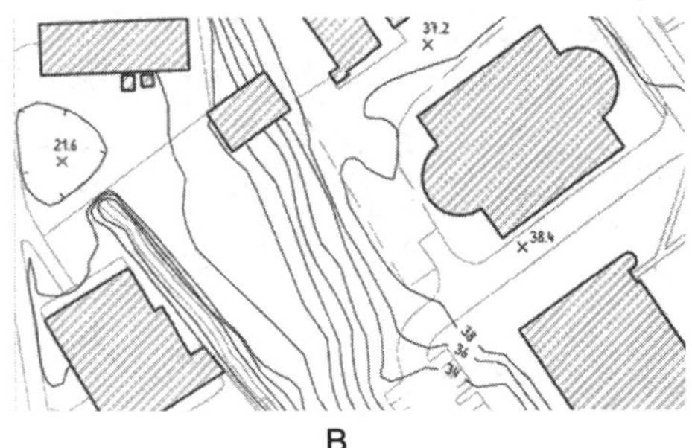
B

图8.5 均质边坡的地貌特征

A

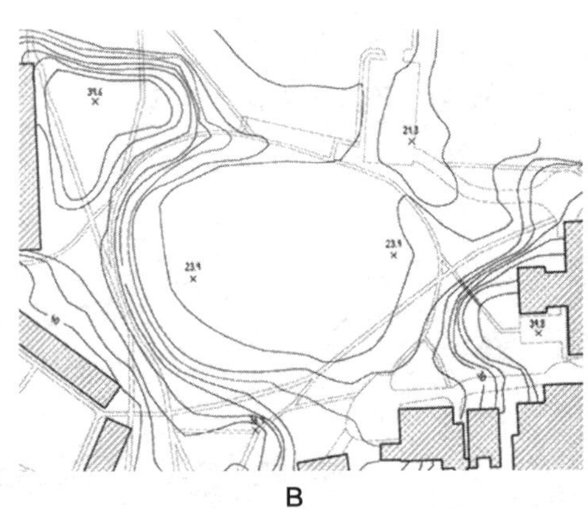
B

图8.6 平坦地区的地貌特征

流域的地貌特征

流域有各种形状和大小，可以小到几百平方英尺，或者大到数百万平方英里，如密西西比河流域。图8.7所示是南加利福尼亚州山脉形成的分水岭的航拍图，图中包括三个流域。为了使半封闭地形中收集的地表水向下流向池塘或

图8.7 南加利福尼亚州山脉形成的分水岭的航拍图

溪流，设计师可以在平整规划中建造一个类似于分水岭的流域。图8.8所示显示了设计师如何在铺好的景观中使用流域概念。

流域是一块河流集水区，周围是山脊线或海拔较高的路堤。落在高处的雨水会流入中间低处，如湖泊、溪流或盆地；落在山脊边界外的水流到相邻的流域或其最低的点。在图8.9A中可以看到流域的等高线，其中所有落在山脊内的雨水都沿着下坡流向河流。在图8.9B中，三个附加的流域邻接流域A，并标示为B、C和D，箭头表示雨水流向。

图8.8 人行道中间的雨水井就是最低点，它用于在铺砌的区域收集地表水，类似于流域的解决方案

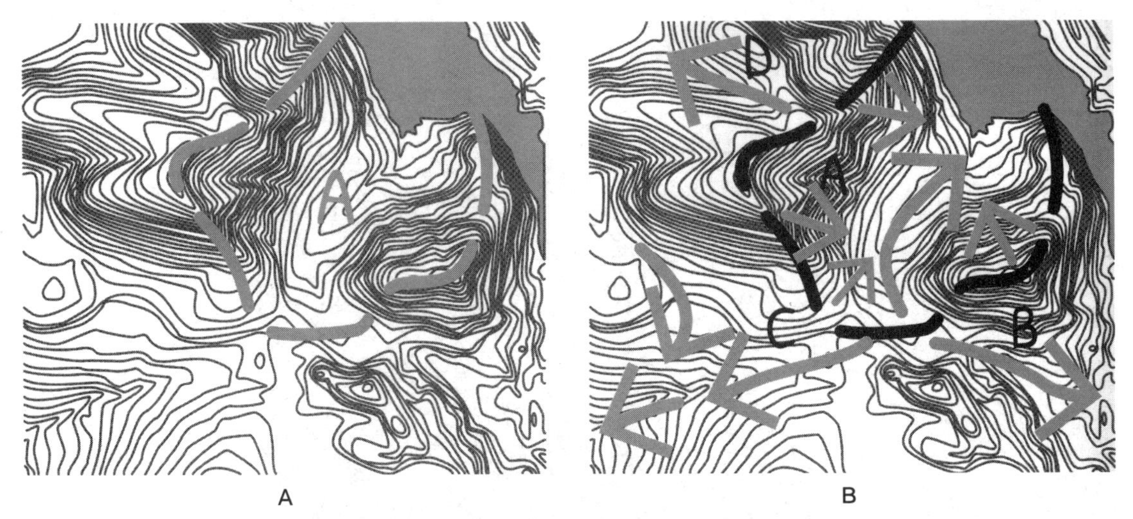

图8.9 美国地质勘探局地形图上流域的等高线，用箭头表示地表水流的方向

图8.10A所示是由农民创建的农村池塘，蓄水用于灌溉和喂养农场的动物。池塘是通过在谷底建造一座土坝拦截而成的，用于收集雨水。事实上，当地农民建造了一个实用的流域，它提供了方便的水源。建造池塘之前，雨水缓慢流入山谷，进入数英里外的较大溪流。图8.10B所示是绘制了图8.10A所示的池塘的假想等高线，以帮助读者想象加上等高线之后的地形图。

流域虽然是地形和水文现象，但是建造封闭集水面的概念通常用于场地平整。图8.11中的校园广场收集和处理地表水的设计采用的就是流域的概念。落在流域的虚线等高线内的所有雨水都流向中央集水区；落在虚线等高线外的雨水流入其他雨水井或用于集水的景观区域，还可能渗入土壤或通过沟和细流流到附近区域。

A

B

图8.10 位于葡萄牙阿连特茹区的农家池塘

图8.11 校园广场由一系列类似流域的单元格组成，每个单元格的海拔最低处都安装了雨水井

总结

场地平整是一种艺术，也是一个分析过程。本章对典型的地貌进行了综述，把地貌特征当作颜料或零部件。场地平整设计师的套件是各种地形，把它们编织成组织良好且无缝的平整设计。套件中的部件是自然地形，改造后可以适应场地平整方案。这些地貌可以用于解决场地平整问题，从而创造出新的景观。在图8.12中标出了转换地形特征的各种等高线模型，整体平整方案是这些部分的总和，这些等高线模型的组合形成了一种连贯的平整方案。图8.12所示是一个三维图，帮助读者可视化平整方案和雨水管理概念。图8.13所示是实际的现场平整方案。图8.12中的A区是前面描述的流域地形的应用，用于创建一

个蓄水池；B_1区和B_2区是倾斜平面；C区是排水沟；D区是具有凸形地形的车道；E区组成了一系列的阶梯停车场或倾斜平面。

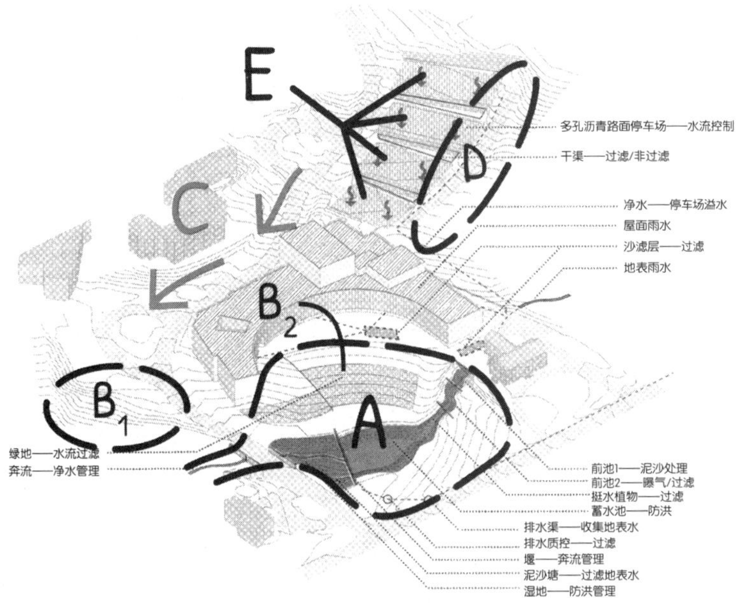

图8.12 位于柯利芝山丘的汉密尔顿学院的雨水管理概念图

图片来自里德・希尔德布兰德景观设计公司

将所有的地形工具放在一起编制一种既具有美学功能又具有实用功能的平整方案，而不仅仅是零部件的简单组合。第十二章将介绍平整规划的过程。

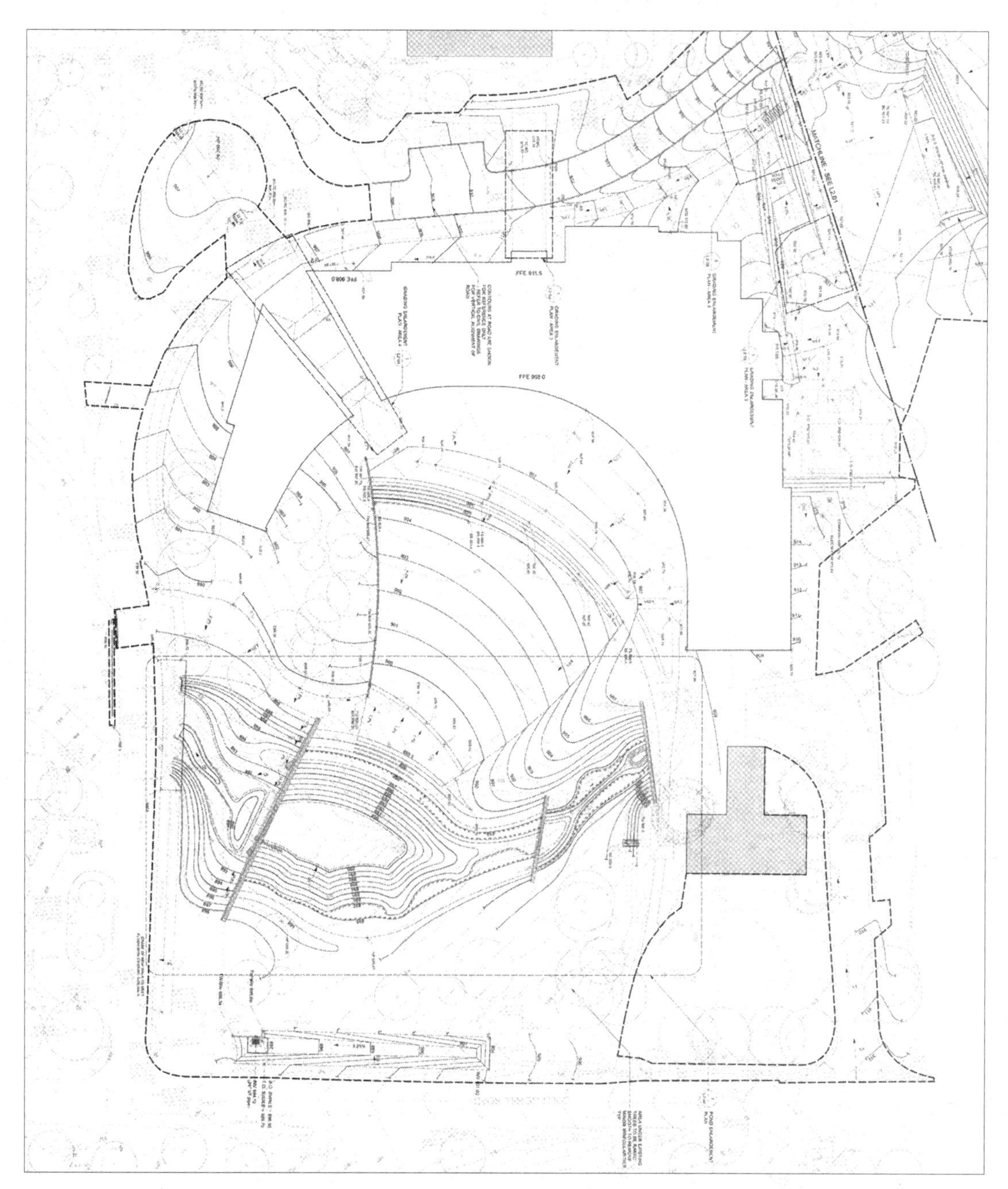

图8.13 位于柯利芝山丘的汉密尔顿学院的场地平整平面图

图片来自里德·希尔德布兰德景观设计公司

9

第九章 坡度及其他平整要素的计算：掌握平整设计的工具

本章内容

- 如何用简单的公式计算坡度、水平距离和高程
- 如何计算铺设表面或景观表面的坡度
- 如何使用等高线得到预想的坡度
- 如何确定景观中某点或某个实物的高程
- 如何使用高程点创造斜坡

本章和以下章节将逐步介绍平整规划过程，每一章都强调准备平整方案和进行必要计算的工具。平整规划涉及多种操作，有些涉及数学计算，有些涉及线条绘制，以创建用于实现某种目的的形式或区域，如水平区域用于建筑物或网球场。在其他章节中，会有关于比例绘制的讨论，以及建立项目的位置或边界和阅读地形图的讨论。本章将通过实例介绍如何使用一套地形工具，这些工

具是设计师解决平整方案问题和创建平整方案的有效手段。设计师不仅会获得利用创造力编制可靠的平整方案的经验，还将学习如何和何时应用这些工具。设计师经常使用这些工具，解决平整方案的能力就会提高，速度和精确度也会大大提高。久而久之，通过实践获取信心，设计师对工具的使用变得越来越熟练，并通过挑战自己来发现更美观、更具创新性的平整方案。

在平整方案中斜坡是指地形表面（如山丘的侧面、河谷或排水沟的陡坡）或铺设的地面（如人行道或网球场）的角度或程度。图9.1A中的绘图笔是倾斜的，反映了筑堤的表面是倾斜的。

如果路堤的表面很陡，直接走上去相当困难。陡坡的程度用百分比表示，陡坡的坡度范围为25% ~ 30%。2% ~ 5%的坡度被认为是缓坡，1%的坡度几乎是平地。图9.1B中的地形多样，有陡峭的、平坦的和介于两者之间的。下面将继续讨论斜坡和斜坡坡度。

图9.1A 绘图笔反映了陡坡的坡度

图9.1B 农民改造地形所创造的景观，其中有不同坡度的斜坡，有的陡峭，有的平缓

斜坡坡度的计算

等高线和独立高程点是修改现有项目景观的主要工具，一般两者结合使

用。操作等高线和建立独立高程点是建筑物的水平区域和倾斜区域引导水径流的主要手段，并且可以对项目地形进行改造，以适应人流和车流。我们改造原有地形时还会以护堤或洼地的形式形成一个视觉屏障，或者达到其他美学目的。我们使用等高线和独立高程点表示我们对现有地形的预期改造。当我们绘制两条或更多等高线时，等高线之间的测量距离决定了坡度，坡度也可以通过两个独立高程点计算。坡度用百分比表示，即倾斜的地面或路堤的倾斜度。例如，建筑物的入口可能倾斜2%或3%，这是一个舒适的坡度，足够将地表水引到建筑物外面。

图9.2A和图9.2B提供了两个斜坡的具体实例，在图9.2A和图9.2B中，计算机屏幕有两种坡度。图9.2A中的计算机屏幕相对于桌面的坡度不如图9.2B中的坡度那么大，计算机屏幕的坡度标记为S。在平整方案中，坡度被描述为两点的高差除以两点之间的水平距离的百分比。如图9.3A所示，V表示从点a到点b的垂直高差，H是点c和点b之间的水平距离。在数学上，坡度用公式表示为

$$S=V/H$$

通过这个公式和对三个要素（坡度、垂直高差和水平距离）的关系的理解，可以确定景观（见图9.3B）或路面的坡度，并确定建筑物、墙壁、铺面和未铺面的高程，以及景观中任何现有或拟建建筑物的物理特征。

关于斜坡的一些规范

什么是斜坡？如果你曾经远足、上山、下山，你就会知道什么是斜坡。容易行走的山坡坡度较小，难以行走的山坡比较陡峭（见图9.4A和图9.4B）。斜坡坡度用百分比表示，坡度为2%、5%和8%的道路比较容易行走，随着坡度

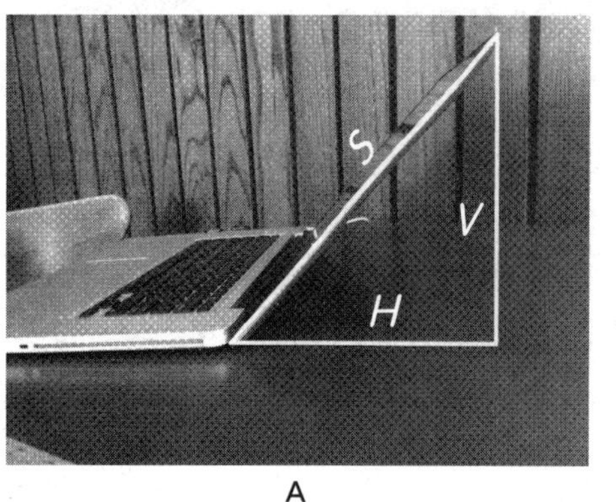

A

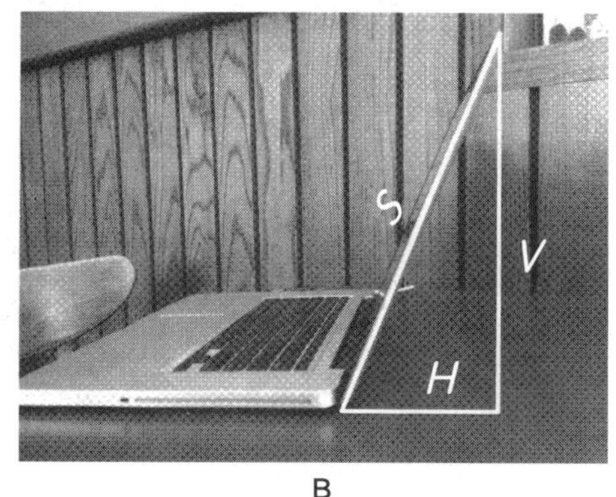

B

图9.2 两张照片中计算机屏幕的角度代表不同的坡度，一个表面的坡度等于垂直高度V除以水平距离H，即$S=V/H$

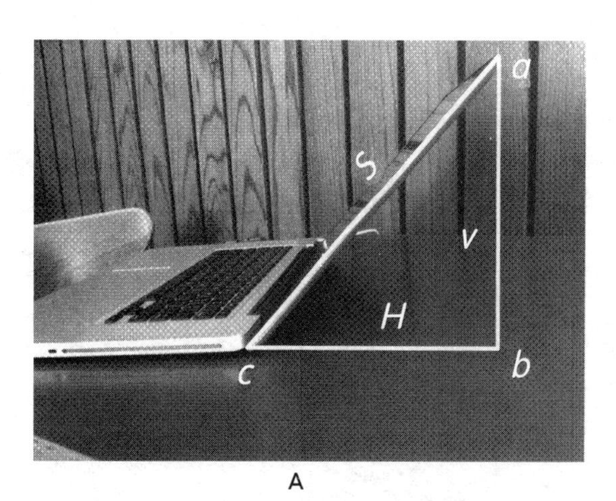

A

B

图9.3 两个斜面的例子：计算机屏幕和草坡堤。计算坡度或倾坡度的过程是相同的

增大，如20%、30%或更大，行走就越困难。显然，人们可以上坡，也可以下坡。上坡的坡度被定义为正坡度（见图9.5A）。虽然爬陡坡的经历并不是正面积极的体验，但是在平整设计中，上坡的坡度在数学上表示为正。与上坡相反的是下坡，远足者下山的路叫作负坡（见图9.5B)，那么向下的水流的坡度也被称为负（或-），如5%。当承包商研究平整方案时，看到人行道或停车场的坡度为-2%时，承包商应该知道人行道或停车场需要向下倾斜，这样水流可以

图9.4A　背包客行走在坡度为10%～15%的小径上

图9.4B　步道坡度为1%～12%

顺着斜坡方向流动。如果在平整方案中坡度为+2%，承包商应该知道斜坡需要向上倾斜。一开始使用“+”和“-”可能会让人迷惑，但是使用这些符号是景观建筑和土木工程的惯例。当设计师绘制机动车道或自行车道的图纸时，正负符号的使用非常重要。平整方案中的斜坡箭头指示的方向是设计师期望地表水流动的方向（见图9.6）。

图9.5A　正坡：+15%

图9.5B　负坡：-15%

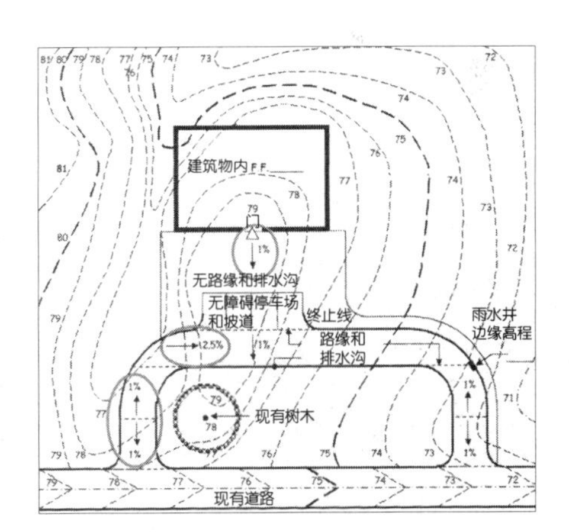

图9.6　注意：在一般情况下，该初步平整平面图中标有斜坡箭头，表示设计师设计的地表水流动的方向

图片由萨迪克·阿敦克提供

坡度公式：在平整规划中大部分计算所需要的主要工具

如何计算坡度已经与景观建筑和土木工程及承包商需熟悉的几个规范一起在书中介绍过了，接下来将介绍如何计算坡度。

坡度可以利用简单的直角三角方程式来计算（见图9.7）。直角三角方程式为$S=V/H$，其中，S是坡度，V是从点B到点C的高差，H是从点C到点A的水平距离。如图9.7所示的路堤的坡度可能大于50%。V为高差或垂直距离（图9.7中的BC），等于顶点B的高程减去点A（坡脚）的高程。如果坡脚的海拔为120英尺，斜顶的海拔为132英尺，则V等于12英尺。使用卷尺可以测量H，即点C到点A的水平距离。如果水平距离为15英尺，则可以通过V除以H来计算坡度，计算过程如下：

$$S=V/H$$

$$S=12'/15'$$

$$S=0.8\text{或}80\%$$

坡度为80%的斜坡是很陡峭的，人很难从坡脚爬到坡顶。坡度为25%的斜坡更易于穿行，在坡度为25%的草地上割草比在如图9.7、图9.8A和图9.8B所示的草地上割草容易得多。

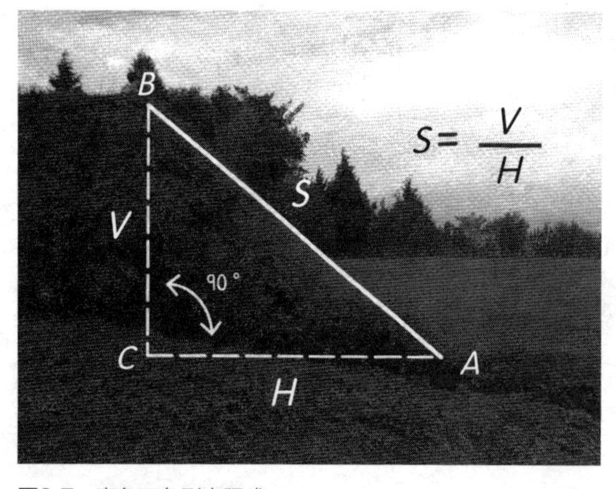

图9.7 直角三角形方程式

对于如图9.8所示的草地，我们可以通过测量从斜坡顶部到底部的垂直高度，然后除以斜坡顶部和底部之间的水平距离来确定坡度。坡度S等于两个等高线或独立高程点之间的高差，或者V除以水平距离H。

图9.8A 回顾一下直角三角形方程式的元素：$S = V / H$

图9.8B 直角三角形方程式中的S为坡度，V为高差（英尺），H为水平距离（英尺）

等式$S=V/H$是平整规划中最有用和最常用的方程式。它可以用于计算坡度，当已知坡度和高差时也能确定水平距离，当已知坡度和水平距离时还能用于确定高差，如图9.9所示。

例如，间隔20英尺的等高线的垂直距离（等高线间隔）为1英尺，且坡度为5%，则有

$$S=V/H$$

$$S=1\text{英尺}/20\text{英尺}$$

$$S=0.05=5\%$$

计算两点之间的坡度	$S=\dfrac{V}{H}$
计算两点之间的水平距离	$H=\dfrac{V}{S}$
计算两点之间的高差	$H=S\times H$

图9.9 如何使用直角三角形方程式

在下一章中，我们将介绍开发景观平整方案时如何计算不同情况下的高程。

图9.10中的等高线之间的距离并不均匀，各部分之间的距离也不同，有些部分之间的距离很短，而有些部分之间的距离很长。但是不同部分之间的距离都可以用工程师比例尺来测量。测量的距离是水平距离或坡度公式中的H：$S=V/H$。如图9.10中的C和E，两条或多条等高线之间的坡度可以使用$S=V/H$公式计算。由字母E表示的两条等高线之间的距离更近，坡度大于标有C的两条等高线，因为它们之间的距离更远。图9.11所示是等高线23和等高线24之间的坡度计算过程。

图9.11显示了如何计算图9.10中等高线23和等高线24之间的坡度。等高线23和等高线24之间的水平距离为8英尺，垂直距离或高差是1英尺，则斜坡E的坡度为

$$S=V/H$$

$$S=1英尺/8英尺$$

$$S=0.125或12.5\%$$

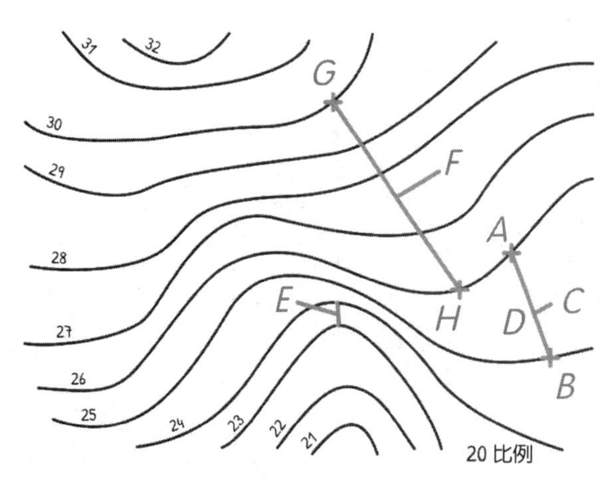

图9.10　等高线图，用三组等高线计算它们的坡度

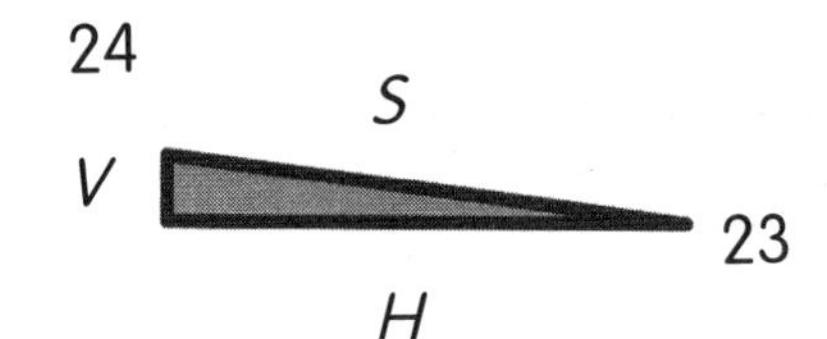

图9.11　等高线23和等高线24之间的坡度计算过程

图9.12显示了如何计算图9.10中斜坡F的坡度。在这个例子中，我们将计算点G和点H之间的平均坡度。点G和点H之间的水平距离是40英尺，等高线26和等高线30之间的垂直距离或高差为4英尺，则斜坡F的坡度为

$$S=V/H$$

$$S=4\text{英尺}/40\text{英尺}$$

$$S=0.1\text{或}10\%$$

图9.13显示了如何计算图9.10中斜坡C的坡度。水平距离为25英尺，垂直距离为1英尺，则斜坡C的坡度为

$$S=V/H$$

$$S=1\text{英尺}/25\text{英尺}$$

$$S=0.04\text{或}4\%$$

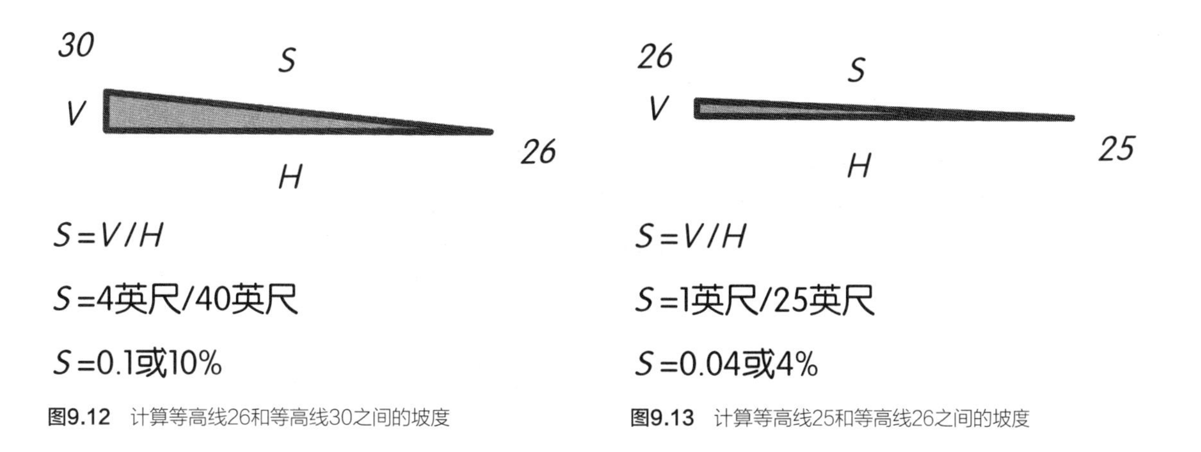

图9.12 计算等高线26和等高线30之间的坡度

图9.13 计算等高线25和等高线26之间的坡度

平面图中坡度如何体现：计算坡度的一些例子

如图9.14所示，我们将计算三组等高线之间的坡度，其中绘图比例为1：40，即1英寸=40英尺。

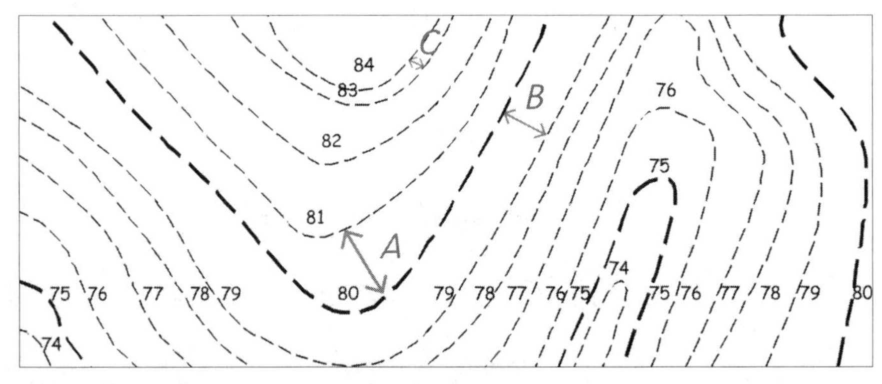

图9.14 地形图的一部分，比例：1英寸= 40英尺

*A*处等高线80和等高线81之间的距离（平面图比例为1：40）为1英寸或40英尺，则

$$S=1'/40'$$

$$S=0.025\text{或}2.5\%$$

*B*处等高线79和等高线80之间的距离为0.5英寸或20英尺，则

$$S=1'/20'$$

$$S=0.05\text{或}5\%$$

*C*处等高线83和等高线84之间的距离为0.25英寸或10英尺，则

$$S=1'/10'$$

$$S=0.1 或 10\%$$

在图9.15中人行道上的点A的高程是34.5英尺，如果我们想知道点B的高程，可以使用公式$S=V/H$进行计算。为了计算点B的高程，我们需要知道坡度公式的两个要素，从图9.15中可以看出，坡度是5%，从点A到点B的水平距离为35英尺，则点B的高程的计算过程如下：

$$S=V/H$$

$$0.05=V/35'$$

$$V=0.05\times 35'$$

$$V=1.75'$$

由点A的高程减去1.75′即可得到点B的高程，即35′−1.75′=33.25′，则点B的高程为33.25英尺。

图9.15 已知人行道上点A到点B的坡度

如何计算两个独立高程点之间的坡度

在图9.16中，有两个独立高程点：点A和点B。两点之间的水平距离H为120英尺。垂直距离V等于点A的高程减去点B的高程，等于1.2英尺。点A和点B之间的坡度是多少？

$$S=V/H$$

$$S=1.2'/120'$$

$$S=0.01\text{或}1\%$$

如图9.16所示的网球场的平整方案并不是网球场平整的首选方案。通常网球场平整时，网的位置较高（重要的是创造凸形结构），从网到后面场地要有1%的坡度。

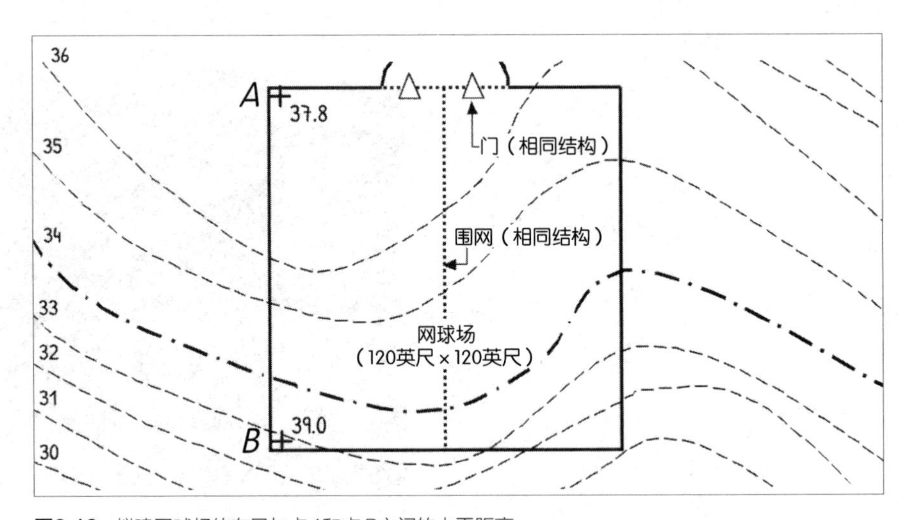

图9.16 拟建网球场的布局与点A和点B之间的水平距离

现在我们来计算图9.17中点*B*的高程。从图9.17中我们可以看出，坡度为2%，点*A*和点*B*之间的水平距离为120英尺。现在我们来计算点*B*的高程。

$$S=V/H$$

$$0.02=V/120'$$

$$V=0.02\times120'$$

$$V=2.40'$$

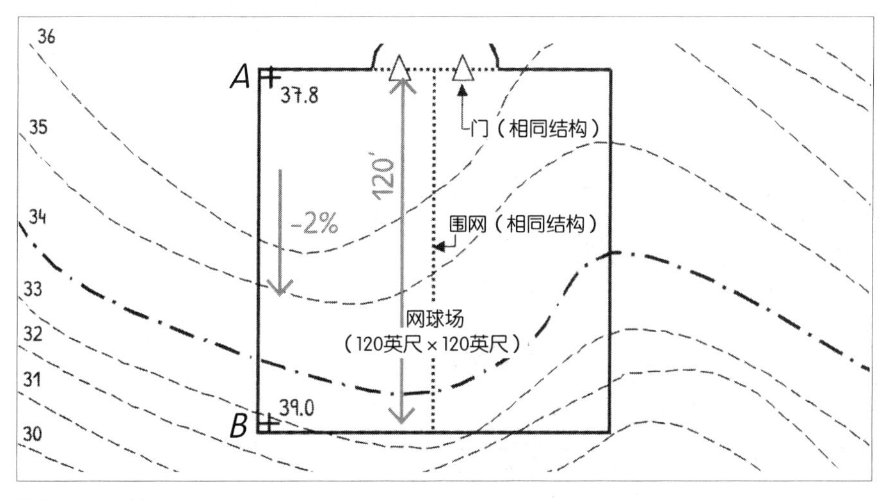

图9.17 网球场

如图9.18所示，我们需要确定点*A*和点*B*之间的水平距离。从图9.18中我们可以知道坡度，可以计算点*A*和点*B*之间的垂直高差。根据这些信息，我们可以计算出点*A*和点*B*之间的水平距离。

$$S=V/H$$

$$S=0.035$$

V=点A的高程-点B的高程=36.5′ –32.2′ =4.3′

$$0.035=4.3'/H$$

$$H=4.3'/0.035$$

$$H=122.86'$$

下面再列举一个如何使用公式$S=V/H$的例子。假设我们想定位两个已知点之间的某高程点，如图9.19所示，我们知道点A的高程为56.8′，点B的高程为55.2′，如果想要知道点A和点B沿线上高程为56′的点在哪里需要解决两个问题：已知什么和未知什么。为了解决这一难题，我们知道H和V，但还不知道S。如果计算出点A到点B的坡度，则可以找到高程为56′的点。

图9.18 计算A、B两点之间的水平距离

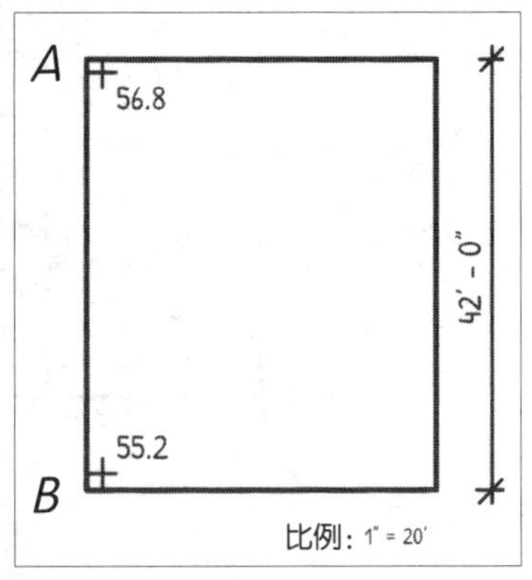

图9.19 计算此例中的斜坡坡度

为了计算图9.19中的坡度，需要解决的第一个问题是“图中有什么信息可以用于坡度公式”。虽然我们不知道S，但我们可以计算坡度，因为我们可以算出点A和点B之间的高差，也知道两点之间的水平距离。

$$S=V/H$$

$$V=\text{点}A\text{的高程}-\text{点}B\text{的高程}=1.6'$$

$$S=1.6'/42'=0.38或3.8\%$$

现在使用相同的图形和用于计算坡度的信息，找到点*A*和点*B*之间的高程为56′的高程点，如图9.20所示。

在一个倾斜的表面上找到高程为56′的高程点的位置，根据已知*S*=0.038（3.8%），*V*是点*A*的高程（56.8′）减去所求点的高程（56′），即56.8′−56′=0.8′，使用公式*S*=*V*/*H*，即可求出*H*。

现在把已知的量代入公式，求出*H*，即高程为56′的高程点与高程为56.8′的点*A*的水平距离，计算过程如下：

$$S=V/H$$

$$0.038=0.8'/H$$

$$H=0.8'/0.038=21.05'$$

从点*A*测量21.05英尺，定位高程为56′的高程点。

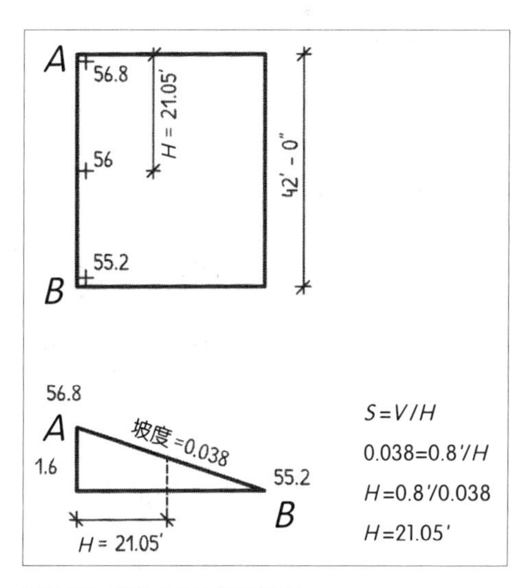

图9.20 定位此图中等高线56

如图9.21所示，找出高程点96′的位置。已知坡度为0.05（5%），V=97′−96′=1′，根据公式$S=V/H$，则

$$0.05=1'/H$$

$$H=1'/0.05$$

$$H=20'$$

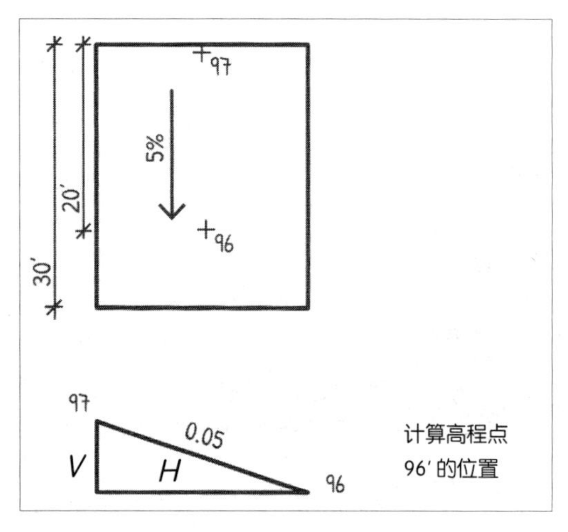

图9.21 定位等高线96的位置

如图9.22所示，等高线96位于距等高线97下坡20英尺的位置。使用工程师比例尺，从等高线97的位置测量20英尺定位等高线96。

公式$S=V/H$也可以用于定位等高线。如图9.22所示，如何定位等高线96呢？能否假设它为图9.23中一条平行于等高线97的虚线呢？同样，我们要了解从图中能获得哪些信息？

坡度为0.05或5%；

垂直距离为1′，由等高线97的高程减去等高线96的高程获得；

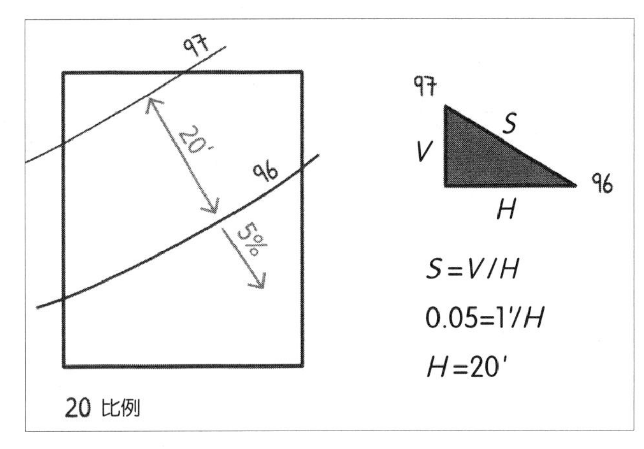

图9.22 用于确定等高线96位置的图表

等高线97和等高线96之间的水平距离是需要确定的元素。

计算过程如下：

$$S=V/H$$

$$0.05=1'/H$$

$$H=1'/0.05$$

$$H=20'$$

使用工程师比例尺，在图9.22中从等高线97测量20英尺定位等高线96。

使用等高线可以建造匀坡。如图9.23所示，从等高线97开始，想要使用等高线创建坡度为5%的斜坡。前面已经计算出了图9.23中等高线97和等高线96的水平距离，假设斜坡的平均坡度为5%，等高线96与等高线95、等高线95与等高线94的水平距离都为20英尺。因此创建坡度为5%的斜坡将从等高线96测量20英尺的距离到等高线95，从等高线95到等高线94的距离也为20英尺。

如图9.24所示，在这个匀坡的例子中，坡度是10%，所以找出连续的等高

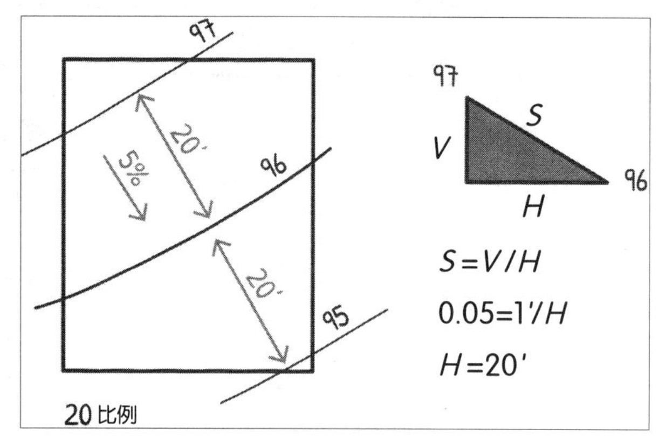

图9.23 在坡度为5%的斜坡上定位间隔为20英尺的等高线

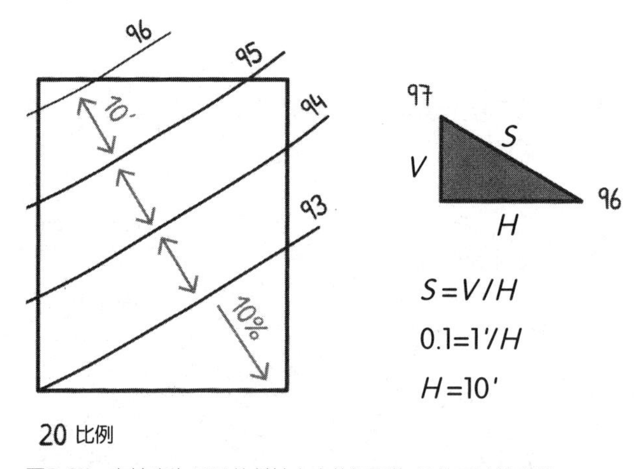

图9.24 在坡度为10%的斜坡上定位间隔为10英尺的等高线

线之间的水平距离，需要求出公式$S=V/H$中的H。已知$S=0.1'$，$V=1'$，根据公式$S=V/H$，则

$$0.1=1'/H$$

$$H=1'/0.1$$

$$H=10'$$

现在可以测量间隔10英尺的等高线95和等高线94的水平距离。在平面图上

等高线均匀间隔10英尺创建一个坡度为10%的斜坡。

如图9.25所示，为了确定点A到点B的坡度，需要使用公式$S=V/H$。

已知点B和点A之间的高差为$V=3.7'$，$H=128'$，则

$$S=3.7'/128'$$

$$S=0.0289或0.03$$

$$S=3\%$$

在下一章中，我们将考虑设计平整方案时，如何计算不同情况下的高程点。

图9.25 计算A、B两点之间的坡度

10

第十章　如何测量高程

本章内容

- 在平整平面图中如何定位高程点
- 如何利用高程点向承包商传递平整意图
- 如何计算高程

如何应用高程规范

当我们查看平整平面图和剖面图时，我们会注意到它们包含等高线和高程点。等高线从图形上表现出了设计的雕塑感，而高程点代表平面图和剖面图上关键位置的精确高度。想象一下等高线的二维效果，等高线的形状和线条及它们之间的距离有助于我们可视化它们所代表的地形。

什么时候需要高程点

平面图所需要的高程点的数目是不固定的，也不基于任何计算。一般来说，倾斜的铺砌表面需要精确的高程点，设置墙面和其他地形元素的高度也需要高程点，如地形的顶部和池塘的底部高度。设计师会考虑在哪里放置高程点来说明平整意图，特别是在临界区域，这时斜坡的方向要标注在铺面或地形表面上。在防洪和防雨水方面，高程点显得更重要。在平整平面图中，相比等高线，高程点要优先考虑。

关于高程点的设置，大多数公司已经制定了规范。对于人造景观的地面、墙面、喷泉和其他建筑特征，独立高程点是表达设计意图的主要手段，等高线则是针对包括景观在内的非铺面的，还会使用剖面图标注等高线和高程点。在必要的时候，如遇到具有复杂高程变化的墙面和较高的建筑，以及机动车道或自行车道时，设计师会在剖面图中为施工方提供精确的高度。高程点绘制在施工图纸的平整平面图中，也可能出现在施工图纸的细节图和剖面图中。但是为了避免冗余，相同的元素在多个位置上不能出现多个高程点。如果由于某种原因设计师在一张图纸上做了高程点的更改，那么极有可能在其他地方没有做出相应的更改。这个差异可能导致承包商的成本超支，甚至更糟，这被认为是具有潜在法律后果的设计错误，因为这种错误有导致人员受伤的可能性。承包商通常使用高程点来构建人造景观（铺面）和软景观。在主要使用等高线的平整平面图中，承包商会建立一个网格图，在网格交叉点上插入高程点。网格图由勘察员在地面上立桩建立，且在每个桩上标注高程点。

图10.1A所示是洛杉矶盖蒂博物馆的一个项目，平整方案需要完全使用高程点，需要高程点来指导博物馆广场的施工，包括所有的墙面、铺面、台阶、喷泉、扶手和集水点（集水区或法式排水沟）。如图10.1B所示的平整方案包括等高线和高程点，等高线主要覆盖草坪和景观区域。当软景观毗邻人造景观

A

B

图10.1 位于盖蒂中心的保罗·盖蒂博物馆

时，需要附加高程点。对于墙面、坡道、喷泉和硬面，高程点是表现设计意图的主要手段（高度）。当需要分级和有结构变化时，如喷泉、墙面、台阶和梯田，就需要使用技术剖面图来说明高程点的关系。下面将讲解平整平面图中的各个组成部分和元素高程点的设置及使用。

哪些地方需要高程点

在平整平面图中，以下设计要素需要高程点提供主要信息。

1. 台阶；
2. 坡道；
3. 墙面和围墙；
4. 排水沟的边缘高度；
5. 排水沟的起点和终点；
6. 人造景观元素和结构的路面标高；

7. 现存的树木；

8. 特殊景观元素的路面标高。

1. 台阶： 一组或一段台阶的顶部和底部标有台阶的数量和梯段高度。

平整平面图使用“+”符号来记录高程点的位置。在图10.2中，两个高程点分别被标注为*A*和*B*。在一般情况下，高程点标注在台阶底部和顶部。平整平面图会标注台阶数目和如图10.2中*C*所示的每个梯段的高度，还会标注*A*和*B*之间的步数（在一般情况下）和高差：步数为8步，平台宽度为12′，踏步高度为6″。如图10.3所示，点*A*和点*B*表示台阶的顶部和底部。每个台阶平台都需要用高程点标注底部和顶部，通常还会标注台阶数目和踏步高度（5步，5½英寸踏步高度）。细节图将进一步阐述台阶的其他关键尺寸和细节。图10.4所示是一个更复杂的设计，包括台阶、平台和坡道，图中字母代表以下元素。

A=以百分比表示的铺面的坡度。在每个类似倾斜的表面都标注了高程点。

图10.2 特奥蒂瓦坎古城连接上下梯田的台阶 墨西哥

图10.3 路易斯安那州立大学学生公寓大楼的多级台阶

B=铺面上的临界高程点。在平整平面图中，将有大量的*B*高程点。

C=进入聚集区的坡道起点的高程。

D=雨水井入口处的高程点。

E=每个平台的高程。

G=墙面顶部或TW的高程。

2. 坡道： 坡道的顶部和底部及坡道的坡度。

图10.5中点*A*、*B*、*C*和*D*是所需的高程点。通常在倾斜表面的起点和终点或坡度改变的地方需要标注高程点。例如，斜坡以3%的坡度开始，在斜坡起点处标注了一个高程点，当设计师改变相邻表面的坡度时，也要标注高程点。图10.5中的S_1、S_2和S_3分别表示三种坡度的斜坡。

图10.6所示是一个复杂的斜坡设计，有一个从上部花园区域到低处广场和走廊的回转斜坡。*A*表示所需的高程点；*B*表示斜坡方向的箭头和斜坡的坡度；C是斜坡的过渡平台，其坡度大约为1%，这是必需的间隔，以符合轮椅通

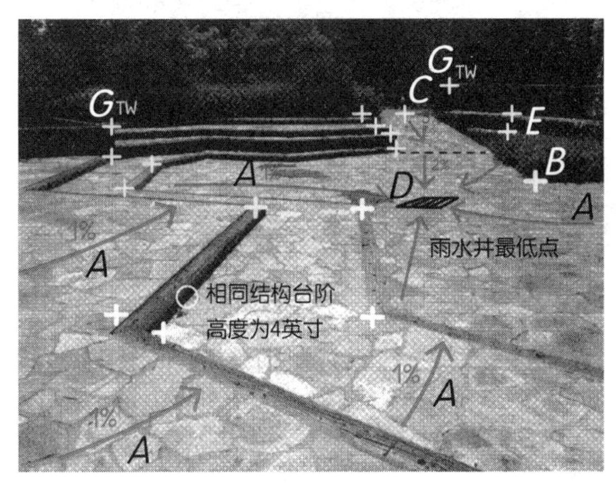

图10.4 在帕萨迪纳加州理工大学的非正式学生聚集区用作平台的台阶

图10.5 加州大学洛杉矶分校校园内有无障碍通道，由几个坡道组成，间隔不超过20英尺。这个坡道是在规定建造扶手之前设计的，如今建造类似坡道需要有扶手

道设计标准。

3. 墙面和围墙：每段墙面顶部和底部都标有高程点。墙面或围墙在顶部倾斜的情况下，应在每个倾斜表面的起点和终点标明高程点。

图10.7使用高程点来确定墙面的高度，通常在墙面的顶部和底部标注高程点。斯科茨代尔露台花园的施工文件除了包括平整平面图，还提供了技术立面图，其中包括墙面的各个尺寸，和与平整平面图相匹配的墙面临界点的高度和高程。后壁上的灯具（项目B）和窗口切口（项目A）的位置和尺寸也都显示在技术立面图里面。在台阶的平整平面图中，人造景观（项目C）和景观区域（项目D）都标注有高程。平整平面图包括几个景观种植点的高程。露台和地面之间的高差大于18英寸时，台阶通常需要扶手。为了指导墙面和其他设计元素的建设，该设计的技术立面图和剖面图包括关键高程点和其他尺寸。

图10.6 加州洛杉矶市中心的格兰德公园新建的轮椅通行坡道

图10.7 居住区景观的上平台

根据平整平面图中的高程可确定墙面的高度。在如图10.8所示的例子中，墙壁是阶梯式的，每个台阶的顶部保持水平，而下面的坡道是倾斜的。在平整平面图中，每个高程变化或每个墙面段的起点和终点均标有高程点。点*A*表示墙面段的起点和终点所标注的高程点。

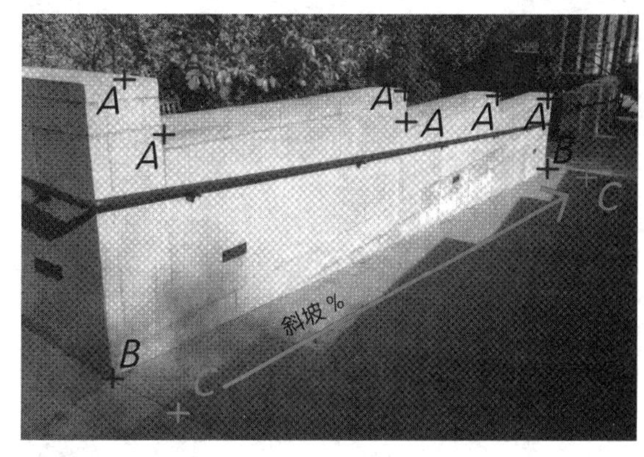

图10.8 位于加州洛杉矶的加州大学洛杉矶分校校园中的斜坡道阶梯墙

点*B*表示墙面底部和铺面相交处的高程点。在种植区，点*B*就是墙面底部和地面相交处的高程点。在墙面顶部是斜倾的情况下，墙面每个倾斜部分的起点和终点都需要标注高程点。如果倾斜的墙面没有分段，那么在墙面的起点和终点只提供一个顶部的高程点。倾斜坡道的起点和终点标注了高程点（点*C*）。细节图和技术立面图将与平整平面图一起为承包商提供墙面和坡道设计意图的细节。

图10.9标注了墙面和台阶组合的重要平整元素。*A*是台阶的底部高度，*B*是台阶数量和高度，*C*是台阶顶部的高程点，*D*是墙面的高度，*E*是高墙的高度，*F*是矮墙的高度，TW是“墙顶”的缩写。

4. 排水沟的边缘高度：在平整平面图中，雨水井和法式排水沟的高程与这些排水元素的细节有关。每个雨水井和排水沟的边缘高度都有标注。另外，细节图给出了整个雨水井单元的尺寸和结构细节，剖面图包括将雨水井或排水沟的水引入市政雨水处理系统的入口和出口管道，以及现场处置的蓄水池，如图10.10所示。

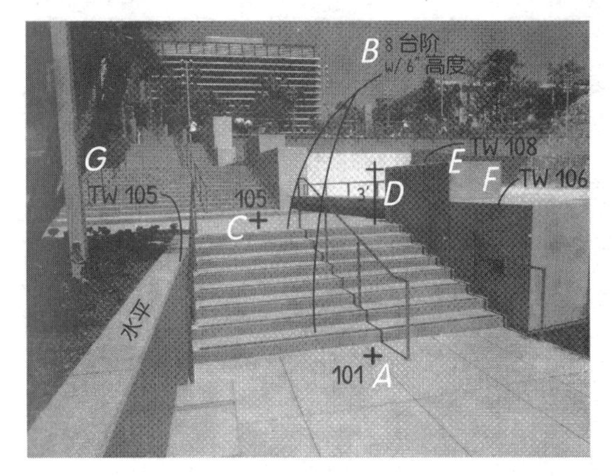

图10.9 洛杉矶市中心的格兰德公园使用铺面、台阶和墙面的高程协调合作

图10.10 草坪区的海拔最低处安装了雨水井，点*A*是雨水井边缘的标高

5. 排水沟的起点和终点：发生坡度变化时具有中间高程点。

在排水沟的起点和终点标注高程。随着排水沟的斜坡变化（变得更陡峭或更平缓），需要提供中间高程点。在图10.11中，点*A*代表草坪区中排水沟的起点，箭头表示水流的方向并且标注了坡度。点*B*处的坡度发生了变化，因此标注了高程点。点*C*是高程点，同时也是雨水井顶部的边缘高度，雨水井用于收集地表水，地表水通过地下管道流入雨水处理基础设施系统。图10.12所示是一个注释图，显示了平整平面图中喷泉广场和其他人造景观需要标注高程点的典型位置。除了高程点，在平整平面图中还有用箭头表示的斜坡，这些箭头代表斜坡上的地表水的流向，并且每个箭头代表一个坡度。这个例子中的高程点的位置和数目及箭头只是具有代表性的，并没有全部标出。

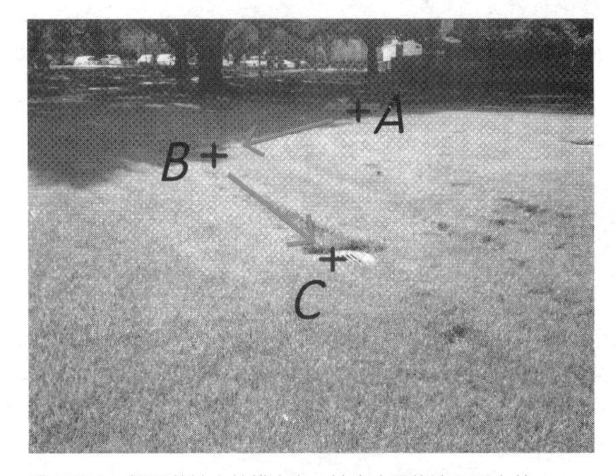

图10.11 校园草地上的排水沟，地表水最终流入雨水井

6. 人造景观元素和结构的路面标高。

A=建筑物入口处的高程点，箭头表示方向和路面坡度，地表水沿箭头方向远离入口。

B=铺面表面临界点处的高程点，箭头指示水流方向和坡度。

C=水池水位和水池底部的高程。

D=座椅的高度。

E=跨越水池的台阶的高程。

F=喷泉中间的岩石雕塑包括多个高程，表示各主要元素的高度，由一个或多个细节图显示岩石的形态和高程。

G=种植区土壤的高度。

H=扶手高度。

图10.13提供了另一种使用高程点的平整方案。

图10.12 位于加州洛杉矶盖蒂中心的保罗·盖蒂博物馆的阳台喷泉

图10.13 加州大学洛杉矶分校一处建筑物入口的细节标高

A=建筑物入口标高，通过台阶进入建筑物。

B=台阶顶部和底部的高程点，铺面角落关键点或铺面坡度发生变化的地方。

箭头表示铺面倾斜的方向。箭头除了表示铺面倾斜的方向，通常还表示坡度。在这个例子中，主斜坡将地表水引离建筑物和台阶。另一个箭头表示一个横坡将地表水引向草地，最终流入草坪中的雨水井。

7. 现存的树木：为了保护现存的树木，保证地面平整完成，施工人员会对树干底部进行土方工程的挖填，平整平面图需要提供树干的底部及滴水线之内的高程点。如图10.14所示，*A*是树干底部的现有高程，*B*是树坑表面的高程。

8. 特殊景观元素的路面标高：池塘、蓄水池；土地形式，如土丘和运动场表面；雕塑感景观，如滑板坡道。

如图10.15所示的池塘由农民建造，用于保存从周围山坡流下来的水，供农场使用，并作为农场的备用水。图10.15中的点*A*表示岛上的最高海拔，点*B*

图10.14 现存的树干部分安装了树坑，以保护树根

图10.15 哥斯达黎加一处老牧场的池塘

是设计的水位，点C是池塘中的最低海拔，点D是池塘出口的高程点，它也可能是河坝或其他控水结构的顶部高程点。

平整条件概述

上述讨论的一系列典型平整设计元素是为了使景观设计师了解在平整平面图中需要标注的高程点。高程点可能会标注得太多，但是，当景观设计师希望提供具体的高程标识，避免混淆时，这些标注都是有必要的，目的是为承包商提供一个符合他们期望的清晰的平整平面图。一般的经验法则是：使用高程点来指导承包商建造所有硬质表面和构造元素。等高线主要用于指导承包商对所有软景观区进行平整，为临界的高点和低点提供高程。在坡度变化时应提供高程点和临界点，如水井的边缘高度、所在地形的顶部，以及池塘和凹陷的底部。在倾斜表面的起点和终点标注高程，如排水沟和坡道，并控制墙面和围墙的高度。有疑虑的地方也需要提供一个高程点。

承包商如何利用高程点

承包商依据高程点建立和指导大部分工作（即使不是全部工作）。在一般情况下，承包商会在施工现场设置土地测量设备，建立一个标有理想高程的立桩系统，引导土方挖填或设置人造景观等工作。承包商还可以根据包含等高线的平整平面图设立网格坐标，然后在每个网格交叉处建立路基并标注坡点高程，以便指导施工。在大多数承包商的眼中，高程点优先于等高线，但这并不意味着不使用等高线。等高线确定了设计师的设计意图，它们可以通过插值转换成高程点的网格，或者它们可以建立关键高程点来指导项目建设。

如何计算高程点

用于计算地面或铺面的坡度的公式也用于计算高程：$S=V/H$（见图10.16）。使用该公计算高程时，需要参考标高。参考标高是项目现场的已知高程，如高程点、现有建筑物楼面高程、道路中心线高程，以及其他现有物理特征的高程，包括地形测量中包含的地界线拐角和高程信息。

用实例讲解是学习如何计算高程的最佳方法。在图10.17中，点A的高程（点高）为32.5′，它位于建筑物的入口处。假设我们要确定图中点B的高程。

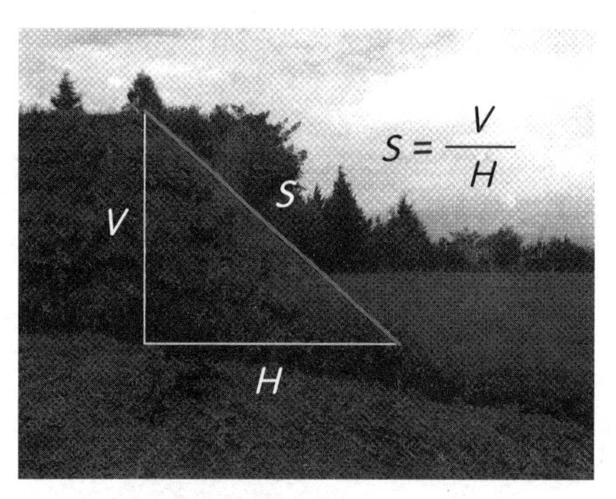

图10.16 回顾计算坡度和高程的公式

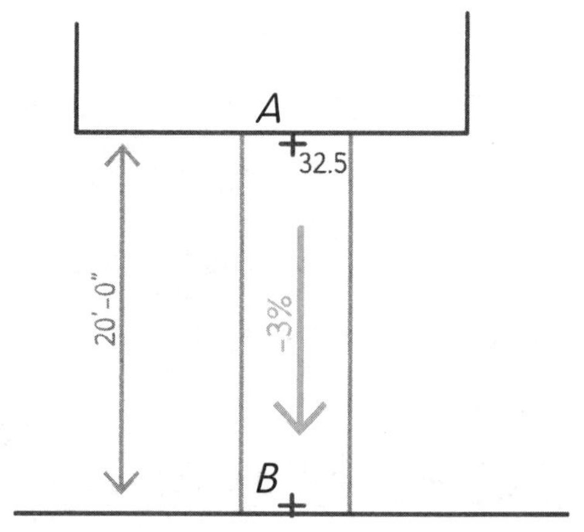

图10.17 使用图中的信息来确定点B的标高

使用公式$S=V/H$，根据图10.17，记下所有相关信息。

S为3%或0.03（人行道坡度）；

H为20英尺（从点A到点B的水平距离）；

V是我们要计算的，以找出点B的高程。

将数字代入公式，然后执行如下计算过程：

$$S=V/H$$

$$0.03=V/20'$$

$$V=0.03\times 20'=0.6'$$

即点A和点B之间的高程差为0.6英尺。

- 点A的高程减去0.6′即可找到点B的高程（注意：箭头上方的坡度表示坡度方向为−3%）。
- 点A的高程为32.5′，减去0.6′可以找到B点的高程，即31.9′。

如图10.18所示，知道表面坡度与点A和点B之间的水平距离，计算点B的高程。哪些已知数值可以应用于公式$S=V/H$?

- 已知坡度为5%，从点A向点B倾斜。
- 已知两点之间的水平距离为35英尺。
- 点B的高程是多少？

$$S=V/H$$

$$0.05=V/35'$$

$$V=0.05\times 35'$$

即点A和点B的高差。

点B的高程为34.5′−1.75′=32.75′。

计算图10.19中点B的高程，图中有三级台阶，每级台阶都有一个6英寸的踏步，哪些是已知的呢?

- 有三级台阶，每级台阶都有6英寸的踏步。

图10.18 使用图中的信息来确定点B的标高

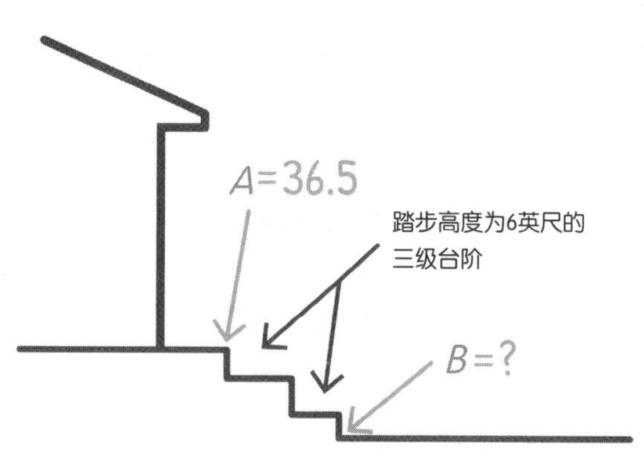

图10.19 使用图中的信息来确定点B的标高

- 3步×0.5′=1.5′。
- 点A的高程为36.5′，因此由该高程减去1.5′可以找到点B的高程，即35.0′。

在斜面上建立高程点的步骤

图10.20所示是一个坡度为2%的铺设表面，从点A到点B向下倾斜。从图中所包含的信息可以计算铺面上很多点的高程。我们首先确定点A和点C的高程。

哪些数据可应用于公式$S=V/H$?

- 坡度为2%，如点A和点C之间绘制的线所示。
- 使用比例为40的工程师比例尺测量从A到C的水平距离。
- 等高线34与点A和点C之间指示的斜线相交的高程是34′（点E）。
- 点A的高程高于点E和点C的高程。

我们计算图10.20B中点A的高程。我们知道点E在对角线与等高线34的相交处。点E的高程为34′。

- 测量点A和点E之间的水平距离，其为20英尺。
- 坡度为2%。

$$S=V/H$$

$$0.02=V/20' \quad V=0.02\times 20' \quad V=0.4'$$

点A的高程为34′+0.4′=34.4′。

我们已知点A的高程，可以计算点C的高程，并且我们已知斜面向下倾斜的坡度为2%。现在测量从点A到点C的水平距离，即68′。

$$S=V/H$$

$$0.02=V/68' \quad V=0.02\times 68' \quad V=1.36'$$

点C的高程为34.4′-1.36′=33.04′。

现在我们来计算图10.20C中点B和点D的高程。

设想一下，铺设表面是从点A到点C的坡度为2%的均匀斜坡，所以我们可以计算连接两点A和C的对角线上任何点的高程。画一条连接点B和点D的线，假设这条线垂直于AC线，则BD线上任何一点都具有相同的高程。为了计算点B和点D的高程，知道点B和点D与其连线上的任何点都具有相同的高程，包括点F，我们根据点A的高程计算点F的高程。

H为从点A到点F的距离，即34′。

$$S=V/H$$

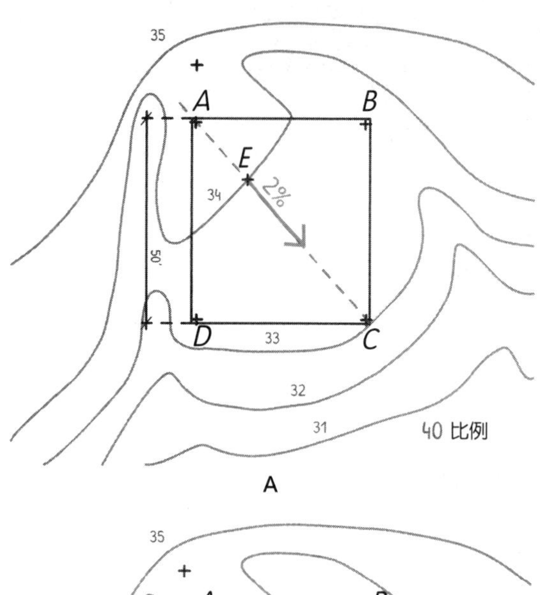

A

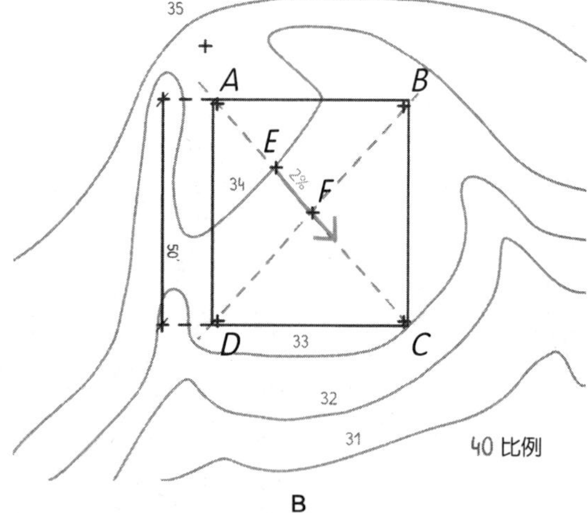

B

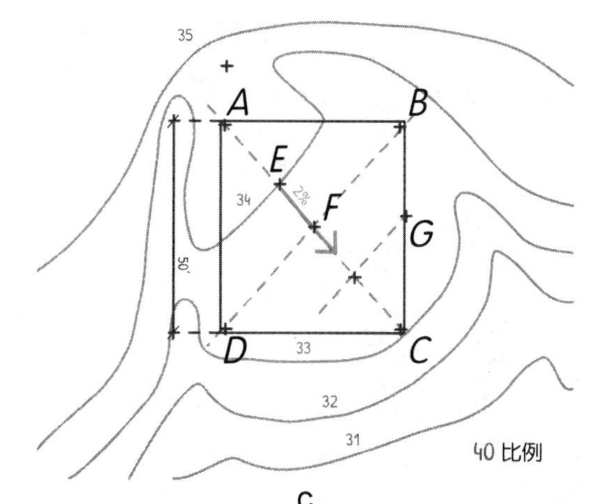

C

图10.20 一个坡度为2%的铺设表面

$0.02=V/34'$ $V=0.02\times 34'$ $V=0.68$

点*F*的高程为34.4′ −0.68′ =33.12′ 。

因此，点*F*、*B*和*D*的高程均为33.72′ 。

现在我们来计算点*G*的高程（在实践中，计算这一点没有任何意义）。为了解决这个问题，可从点*G*开始绘制一条与*AC*垂直的线，该线与*AC*相交的点被标记为点*H*。如果我们找到点*H*的高程即可知道点*G*的高程，它与点*G*的高程相同。

*H*为从点*H*到点*A*的距离，即50′ 。

$$S=V/H$$

$0.02=V/50'$ $V=0.02\times 50'$ $V=1.0'$

点*H*的高程为34.4′ −1.0′ =33.4′ ，它也是点*G*的高程。

使用台阶高度计算高程

七级台阶，每级台阶的高度为4″，总高度为7×4″=28″，即2.33英尺。

点*B*的高程为32.4′ 。

点*A*的高程为32.4′ +2.33′ =34.73′ 。

平整平面图中高程点的使用

平整平面图包含用于与承包商沟通项目所需的高程和地形的各种信息。承包商利用这些信息来布置和确定指导工作的基础。独立高程点为铺设表面的临界位置提供详细的高程，墙面和其他待建结构的高度，楼梯段顶部和底部的高程（见图10.21），以及雨水井、排水沟和池塘的高程。高程点通常也通过等高线的形式突显地形。人形坡道、铺设表面或排水沟沿线的起点和终点将提供独立高程点。负责平整方案的人决定最好在哪里设置高程点，通常要给承包商提供具体的高程点指示，确保排水顺畅，如在道路上涂沥青，将地表水引流，远离建筑物入口。

墙面的高程点需要通过剖面图来补充，其中包括墙面尺寸和额外立桩使用的高程（在浇筑混凝土的情况下）、组合式墙砖（见图10.22）或建造密集支柱。

图10.21 校园行政楼前的台阶

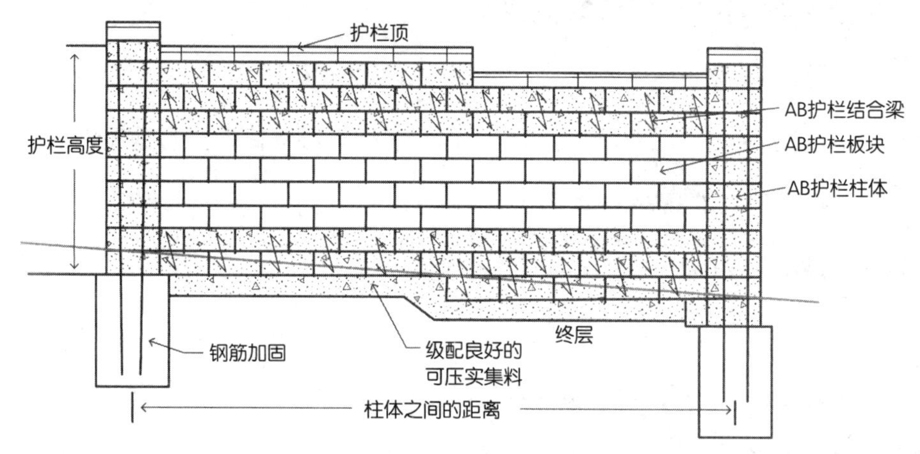

图10.22 墙面高度剖面图

独立高程点和其他高程规范的结合

在平整平面图中，独立高程点通常和其他符号标示一起使用，以便获得精确高程。图10.23显示了表示高程的各种方法和平整设计意图。

在平整平面图中，独立高程点通常会与代表坡度的箭头和斜坡坡度一起使用。代表坡度的箭头表示设计师想要在铺设表面、排水沟或倾斜地面上引导地表水流的方向。如图10.23所示，*A*表示该校园室外聚集区的直接地表水的倾斜方向和坡度。高程点由符号“+”表示。图10.23中的其他项目如下。

A=斜坡箭头。

B=坡度。

C=进入聚集区域时的高程点。

D=雨水井边缘处的高程点。

E=记录表明有三级台阶，每级台阶的高度为4″。

G=墙面顶部的高程（通常墙面底部的高程也会给出）。

注意，如图10.23所示的人造景观的平整平面图未显示或使用等高线。原始的平整平面图可能包含等高线，以便协调这个聚集区与周边校园景观区域和相邻走廊的平整工作。

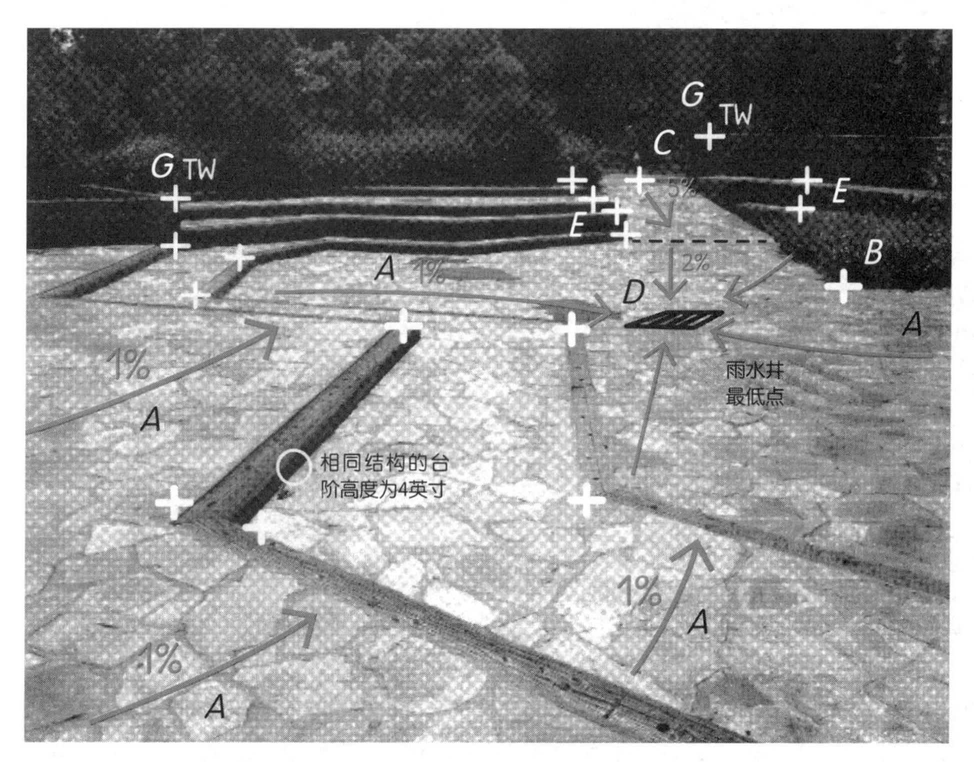

图10.23 加州理工大学室外平台聚集区 帕萨迪纳 加州

承包商如何使用平整平面图中的高程点

图10.24A ~ 图10.24D是在不同施工现场拍摄的，用于体现承包商是如何使用平整平面图中的高程点来进行具体工作的。图10.24A显示了车道入口处铺设水泥前，承包商用木材建设的形式。测量师用平整平面图中显示的高程标记每个角落。承包商首先利用测量师的标高排列木板，然后固定（通常用钉子）它

们。图10.24B显示了在混凝土浇筑表面建成后，木板还没有拆除的样子。承包商通常会在混凝土建成或开始硬化后一天内清除这些木板。

从原理方案设计到平整平面图

下面的例子（见图10.25和图10.26）来自近期的专业项目，用于体现本章描述的所有元素是如何应用于实际的平整规划中的。在准备平整平面图之

图10.24 混凝土现场浇筑的典型方法

前，设计师会准备一个已经受到客户认可的原理方案设计，类似于图10.25A和图10.26A。原理设计图包括图纸和书面信息（可能以进度报告的形式呈现），可用于客户审查设计，也可用于征求利益相关者的意见，包括具有审查或许可权限的客户或政府机构。在原理图设计得到批准并获得客户的认可后，可以继续进行项目设计开发，设计师会制订一张平整平面图，如图10.25B和图10.26B所示。在下一章中，将重点讲解等高线及其在平整平面图中的使用。

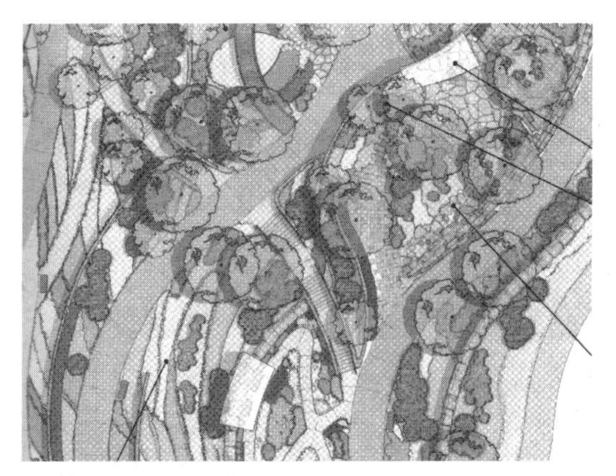

图10.25A 雷德山植物公园的部分原理图设计 盐城 犹他州

图10.25B 雷德山植物公园的部分平面图设计 盐城 犹他州

A

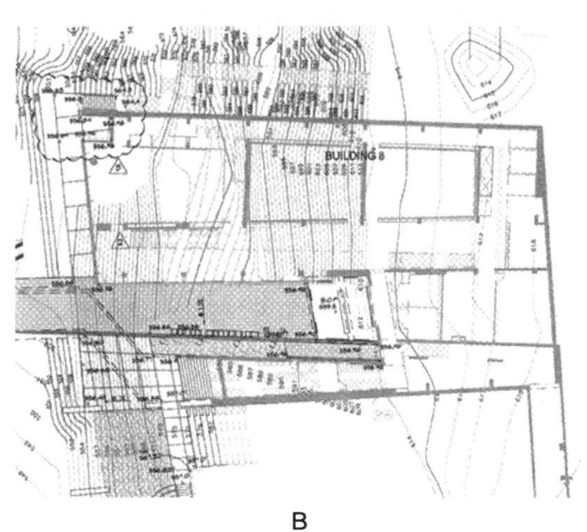

B

图10.26 塔兰特郡学院市中心校区的平整平面图

11

第十一章 等高线的使用：设计与地形创造

本章内容

- 如何使用等高线创建或改变地形，以适应特定的设计元素
- 如何使用等高线创建水平或倾斜的软景观和硬景观表面
- 如何通过独立高程点建立高程

图11.1 倾斜的中央草坪增加了观赏性，让景观空间看起来更广阔 汨珠公园 纽约

使用等高线建造景观

本章将结合前几章介绍的内容进一步提高我们对平整规划的理解，优化我们的技能。我们将探索如何使用等高线改造现场工程。通过操纵和改变等高线的位置和形状，我们以图形方式创建了平整方案中所需要的地形和平面，承包商使用一个网格系统将平整方案付诸实践，指导实施土方挖填。除了等高线，平整方案还包括独立高程点，用于需要精确高度的位置，如墙面的高度、建筑特征（喷泉），以及铺面和景观区域。

设计是一个涉及线性和重复处理信息之间交流的活动。设计过程是线性的，因为每项活动是按照顺序开始的，从项目开始定义，再进行场地分析和编程，最后进展到概念配方和设计开发。这个过程又是重复性的，因为前期的调查和分析可能要重复几次，在新认识的基础上重新思考初步想法。设计过程通常从设计师和客户之间的会议开始。对于复杂的项目，可能需要与客户进行多次会议才能确定项目要求。接下来，设计师会一次或多次访问项目现场和周边社区，了解项目现场的物理特征和背景情况，这对于项目编程和后期设计很重要。一旦项目设计师或设计团队了解了项目现场及其背景情况，就完成了对研究管理事项的调查，如分区、政府法规和设计标准，建立了编程要求，设计师才可以开始设计。设计师在基础图纸上深化初步设计概念及其空间布局。这个初步设计被称为方案设计（SD），这是客户或所有者和项目设计顾问之间的专业服务合同的第一阶段。

在平整规划开始时，设计师会使用产权图和土地调查地形图。土地调查地形图包括地形（通常以等高线和关键高程点的形式体现产权中现有土地和建筑特征的情况），还包括地界线、现有建筑物、植被（通常是树木）、现有车道、毗邻产权周边的道路、基础设施（电力和电话线）、服务（排水沟或电力通行权）、水文特征和其他在图中体现的相关信息。设计师开发现场设计概念时，会考虑现有的现场特征，如了解现场和对场地进行分析。初步设计概念受现有产权的物理特征影响，主要是地貌和排水模式。指导场地设计是客户的工作，包括拟建新结构、通道（车辆和非车辆的）、基础设施和环境影响（简单地说是指太阳、风力和气候）。经验丰富的设计师在进行现场调查时，会将平整要求和现有的地形一同考虑到初始设计概念中。设计所需要的平整细节包括现场项目元素安排，如水平面安排在比较平坦的地形上，其他项目元素安排在场地较陡峭的地形上。这些设计决策和定位会有一些需要平衡的地方。因为利用现场的水平面进行平整活动并不总是可行或可取的，在这种情况下，需要对现有场地地形进行修改，以适合所需的设计元素。

一种平整概念是需要把水平表面的设计元素安排到现场的平坦区域中，而其他项目元素适宜地安排到比较陡峭的地形上。实现这样的目标是有意义的，因为可以减少平整的规模（土方的移动），这种做法可以兼顾尊重现场的统一性和减少建设成本。但是，当有其他考虑的时候，这种配对到合适的地形的方法并不总是可行的。例如，假设进入这个产权的入口没有其他选择，那么现有道路的入口可能位于陡峭的丘陵地形上，这是不可避免的。结果可能是需要进行大量的平整来调整入口的道路和特征。不管是什么情况，当项目元素和现场比较适合时，需要进行很小的平整；如果不适合时，则需要进行大量的平整。

困难的地方其实是细节。虽然有经验的设计师可能能成功地将设计元素与现场地形相匹配，但实际的平整要求并不会得到客户的完全赞同，直到客户认可了方案设计图和扩初设计后，细节设计才开始。初步的平整方案通常是客户同意方案设计图之后设计阶段的第一步，在细节设计阶段会开发出更准确和精确的设计方案。在扩初设计阶段，会设计开发植被方案、早期细节剖面和建设细节，以及材料的选择。在立桩和布局平面图中，承包商创建水平控制，展示如何定位和布置所有施工要素，包括建筑物和结构、铺面和种植区域、车路和人行道及所有待建造的元素。铺面和墙面的材料选择也是设计开发阶段需详细说明的一部分，还要进行其他材料和设备的选择，如照明、现场装修和灌溉。

结合场地和设计进行平整

平整是一个创造性的过程，通过了解简单几何概念来修整现有地形，实现地貌设计意图。平整设计意图可以很简单，如可以做一些土坡，使景观植被形式多样、丰富有趣。平整设计还可以创建各种地形，让高尔夫球手击球时，多一层身体上与视觉上的挑战。我们进行必要的地形修整，可以让地表水远离球场，或者减小建筑物被洪水淹没的可能性。场地平整设计还可以通过建立池塘或生物池等策略储存地表水。经验丰富的设计师认为，平整是实现功能和美学目标的有效工具。那么，从哪里开始呢？我们应从景观本身开始。如图11.2所示的景观是中国中部的一个乡村的农业景观。

如果我们有一项设计任务，即在斜坡上建立文化旅游的小屋，在我们开始探索这个项目之前，我们需要两样东西：第一，我们需要标有地界线的带比例的地图；第二，类似于美国USGS的地形图。类似于美国USGS的地形图是进行初步场地评价的有用工具。对于大片的土地而言，地形图会帮助我们确定潜在的开发区域和准备初步方案的基础。在场地设计开始时，有必要对设计区域

图11.2 先从景观开始

进行更加精确的地形调查，这个调查应该由专业的土地调查员进行。

美国的场地地形调查如图11.3所示。通过研究图11.3，我们可以获得非常有用的信息来启发我们的工作。密集的等高线表示产权区域很陡峭；有些地方太陡峭了，不适合建造房屋群，也不适合作为车道，但是可以设计爬山的小径。等高线间隔比较宽的地方适合建造建筑群、停车场和运动场地。图11.3中间的地形水平蜿蜒地横跨地图，把地图分为上下两个较平缓的区域，建议创造一个独立区域。这块中心区域可以作为宝贵的流域管理和绿地用途，包括休闲娱乐。

图11.4和图11.5体现了实际景观画上等高线的样子。图11.4代表的是坡度为10%或15%的均匀斜坡，等高线间隔（水平距离）为7～10英尺。图11.5所示是一个斜坡，在斜坡脚下建了一个池塘。在这两种情况下，等高线是概念性的，绘制成图表，但无法精确地表现地形信息。

图11.3 等高线地形测量图揭示了地貌的多样性，为不同的项目元素和通道提供了理想的位置

图11.4 通过等高线显示地形

图11.5 等高线显示了雕塑感的地形

体现地形的等高线

场地平整有两个主要原因。第一，改变现有场地地形，以适应建设要素，如为建筑物铲平区域，或者为了建设车道和人行道稍微修整地面。第二，重新塑造现有地形，以引开地表水。例如，设计师会将建筑物入口的水引开，用于防洪，或者利用平整避免现场项目区域出现积水（蓄水）。无论是完成哪个目标，设计师都需要进行平整规划。设计平整方案涉及等高线和高程点的改变，还有其他规范的变化，包括斜坡箭头指向和图形上表达平整意图的剖面图。

建造服务于项目要求的地形

图11.6A ~ 图11.6D所示是同一块场地的快照。图11.6A是现场图片，也是后面图片内容的基础。图11.6B所示是加了假想的等高线的场地。图11.6C所示是在等高线的基础上标注了高程。随着附加信息的增加，我们可以更好地了解场地的情况，并且我们可以使用这些信息更准确地判断斜坡的坡度。图11.6D和前面的图片包含相同的信息，但是增加了平面图。在平面图中，设计师能对地形进行修改，以达到某些特定的目的，如在某处设计建筑用地。等高线是以二维的方式将三维地形可视化的便捷手段，它也是一种图形工具，设计师可以通过它改变现有地形。设计师通过重新排列等高线为某个特定的目标创建新的地形。从图11.6A中我们可以看出景观的形状，上面是一块相对陡峭的斜坡，下面环绕着较平坦的区域。为了让读者更好地可视化场景，图11.6B中加上了一些标有高程的等高线。虽然这些等高线的形状和位置可以凭感觉画出来，但是它们通常来自对场地的地形调查。等高线需要标有高程才有意义。高程

值标注在图11.6C中。图11.6C中的等高线从斜坡的低处开始标注，起始值为100，代表海拔为100英尺，或者按照当地所管辖的某个已知的基准点为参照，高程为100英尺。等高线之间的间隔是1英尺，斜坡顶部的高度是107英尺。图11.6D呈现了等高线在平面图中的效果。

图11.6A 没有等高线的景观

图11.6B 加上等高线之后的景观

图11.6C 加上等高线和高程之后的景观

图11.6D 景观在平面图中的体现

图11.7所示是如何利用等高线创建一块水平区域，如图中的中间区域。图中箭头代表水流从106英尺等高线处，沿着排水沟流向水平区域，引导水流流向较低等高线104或等高线105，甚至更低。图11.8所示是一张由专业的设计师绘制的平整平面图，它表现了如何使用等高线将一块平地建成体育场。平面图的中心区域是一块大草坪，周围有陡峭的斜坡环绕，由周围等高线的密集程度体现出来。一个小的月牙形土堆出现在草坪的左上角，目的是缓冲拟建的水箱。

图11.7 在起伏的地形上创建水平区域，虚线是原有的等高线，实线是拟建的等高线

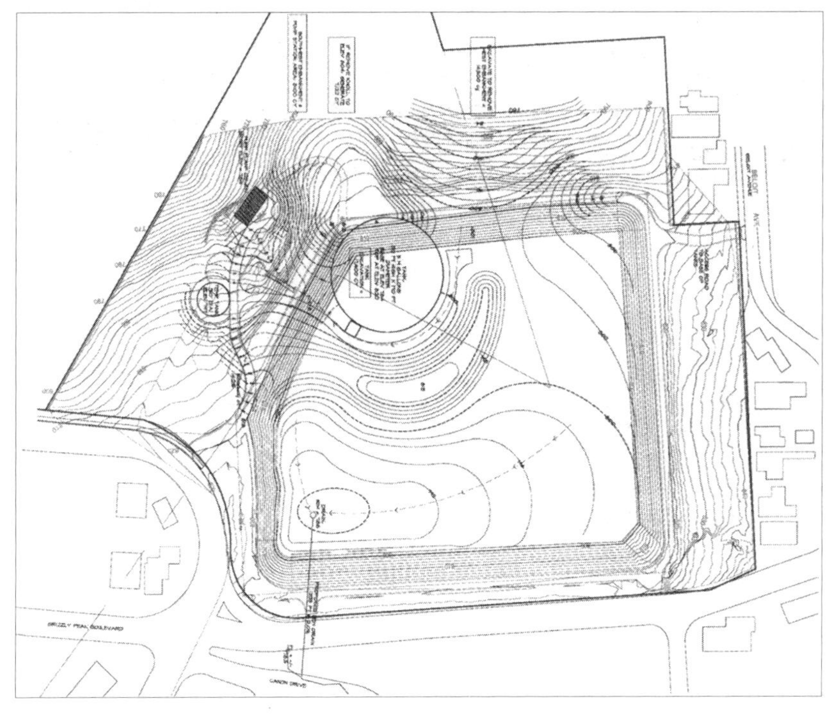

图11.8 使用等高线的平整平面图

图片来自迪林厄姆事务所

比较图11.9A与图11.9B，虽然两者是同样的场景，但图11.9B包含了等高线。等高线提供了场景的额外信息，它强调起伏的地貌并让读者更好地理解下游池塘和上游种植区域的高程差异。若采取其他步骤，土地调查员可以通过二维等高线编制准确的地形图。从地形图中，我们可以通过操控等高线来改变地形，如在现有倾斜的地面上建立几个小梯田，以适应从上到下的蜿蜒小径。

A

B

图11.9 农场斜坡和斜坡底部的蓄水池

图11.10 排水沟把水带向涵洞

图11.10所示是一张涵洞的图片。我们可能经常经过类似的涵洞，但从来没有停下来看它或注意到它的存在，因为我们确实没有这样做的理由。图11.10显示了位于车道入口下方的涵洞的一端，排水沟将水从场地的上端带到涵洞。涵洞是安装在车道入口处的一根大直径管道。来自排水沟

的水被运送到下游，通过涵洞继续流到路的另外一侧。排水沟的坡度为2%（每100英尺的水平长度下降2英尺）。图片中绘制的线条表示等高线，如果它真实存在，它就会落在那里。如果没有实际场景的图片，那么等高线的形状代表的是平面图可视化同一场景的图形工具，在这种情况下，相邻的斜坡和排水沟可将水带入涵洞入口。

等高线用于表面排水处理

首先，通过场地平整，我们可以改变现有地形以适应某种特定的项目要求。场地平整的另一个目的是确保景观场地上的表面积水不会造成洪水或在不合适的地方蓄积，如图11.11所示的车道入口和停车场。这种积水可以通过地面改造将水引到其他地方，如排水沟、雨水井、蓄水池等。合理的解释是如图11.11所示的车道入口和停车场完工的时候，原始平整和建设都是正确的，然而，由于附近道路重铺或其他维修行动造成了堵塞，使水流到池塘之后无法进入邻近的排水沟。另一种可能是发生了地面沉降，形成了一个池塘状的表面，从而蓄积了地表水。

类似的铺设面（如停车场、广场）看起来是水平的，但实际上它们几乎都存在一定的坡度，无论是整体朝一个方向倾斜，还是形成一系列坡度小于1%的区域，若目的是将水带进雨水井、排水沟或排水系统中，后一种方法比较普遍。在实际中，通常采用雨水井来接收表面水，如图11.12所示。图片是雨后几小时拍摄的，从图片中我们可以很容易地看到路面是倾斜的，以及水是如何被带进雨水井的。雨水井连接地下倾斜的管道。水流经过管道以后，可能流向街道附近较大的雨水处理系统。

图11.11 停车场的积水

图11.12 停车场的雨水井

在如图11.13A和图11.13B所示的草坪区域，我们可以看到地面有些起伏，还有一条排水沟。排水沟将草坪区域大致分成了两半，将地表水带入位于图11.3上部的雨水井中。如图11.3所示的雨水从雨水井开始，通过地下管道流向附近的校园雨水处理系统。

A

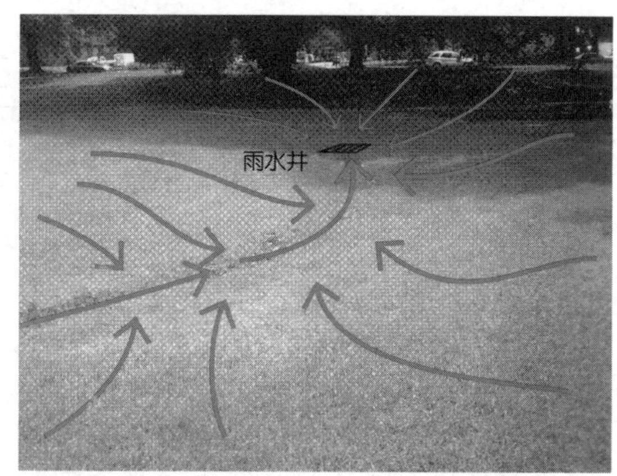

B

图11.13 草坪区域中央的排水沟和雨水井

镜头后退大概100英尺，我们可以从图11.14中看到更宽广的视野，并看到雨水井附近的情况。在图11.14中，我们可以看到如箭头所示的地表水的流动路径，水流流向位于草坪最低海拔处的雨水井中。这块空间创建的地形周围由巨大的橡树包围，形成了一块林中空地。地面设计成可以引导地表水流向排水沟，并通过排水沟将水带入雨水井中。地面包括铺设的人行道，已经形成了坡度为1%和2%的缓坡。斜坡足以排掉过多的水，而且水流的实际速度足够慢，让一些水有时间渗透到土壤中，为橡树提供水分。

图11.15所示是与道路平行的排水沟，图11.16所示是此排水沟朝着下游涵洞方向180°平视的图片。注意，第一张图片中的排水沟坡度为3%，并且接近涵洞时，排水沟变得平缓，以减缓水流速度。图11.15中与上坡对齐的等高线是等高线特征（在第十二章中我们将继续介绍等高线特征），它代表地形图上的排水沟、山谷、山沟、峡谷或溪沟。

图11.14 景观中小径的水流

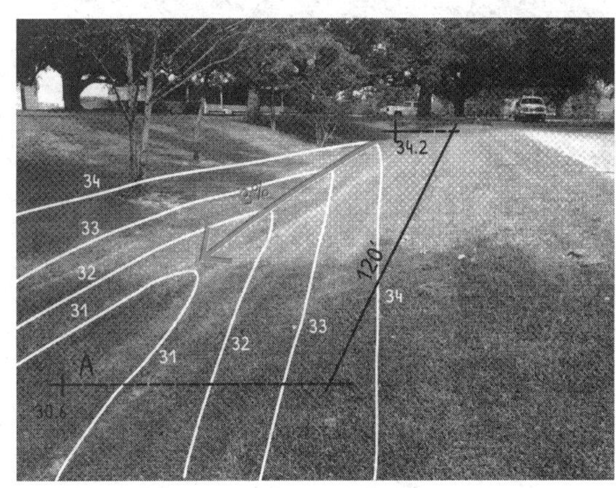

图11.15 排水沟收集地表水，并将地表水引离道路和附近由树覆盖的斜坡

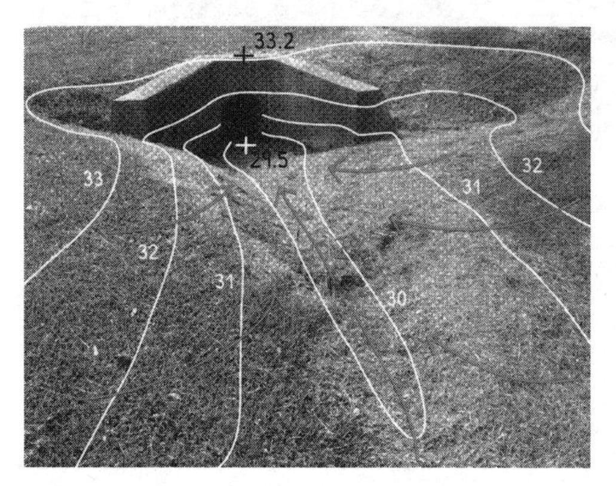

图11.16 涵洞让排水沟中的水从道路下方流过

图11.17 洛杉矶405高速公路的路线沿着山和峡谷，图中所示是山路

图11.18 西班牙北部的农场

图11.17中加有图形注释的图片遵循与排水沟相同的等高线特征。这条等高线的形状表示山区景观中的山谷或山沟。注意这些等高线是如何沿着高速公路向上的，它们形成一个倒V形。这个倒V形是山谷、排水沟或山沟的地形特征。还要注意等高线是如何围绕山丘或沿着高速公路两旁的山谷的。这条圆形或弯曲形式的连续等高线代表的是山、墩或路堤。

图11.18中树的排列方式（在某些情况下由农民自己种植）和乡间小路围绕着的地形就像等高线一样。注意树木种植的排列方式大致和景观中梯田的等高线分布相似，凸显了山的地形特征，这个地形特征与图11.17中形成的山谷等高线的走向相反。同样的景观即使没有种植树木也被视为丘陵景观，种植树木后凸显了雕塑感。如果我们看到相同景观的地形图，即使没有标出等高线，我们也应该能够区分和想象出山谷和山的地形特征。

铺面的表面水流

人们不会想到广场、停车场、小径和车道这样的铺面也会像地形一样是有造型的，它们可以像黏土一样成形。但铺面（由混凝土、沥青或片状的预制板构成）可以扭曲成形，上下起伏，具有雕塑感的流畅性，如滑板公园中起伏的冒险斜坡、凹槽和碗形区域。图11.19A和图11.19B所示是一个校园的停车场，它有一个弯曲、有温和雕刻感的铺面。沥青铺在刻意弯曲的表面，以引导地表排水（径流）流向位于左侧停车位旁边的雨水井。图11.19B显示了弯曲表面绘制了等高线的样子。等高线与代表地表水流动方向的箭头大致是弯曲铺面的形状。停车场设置在入口或入口附近海拔高度比较高的位置。铺面倾斜或形成斜坡（可能坡度为2%），沿着中央车道形成凸形横坡。同时，铺面也向着车道的两边弯曲，水流流向位于停车位前方的雨水井。图11.20和图11.21所示是不同角度的停车场。按照如图11.20所示的停车场的排水箭头，地表水流向路边，并通过管道排入相邻车道入口。图11.21所示是从不同角度拍摄的停车场图片，帮助读者可视化排水模式。在这种情况下，停车场表面被划分为几

A

B

图11.19 校园的停车场

图11.20 图中停车场的水流向管道，穿过种植区进入附近的车道入口

图11.21 停车场中的地表水是如何流进雨水井的

个部分，每个部分向边坡和雨水井倾斜。路面设计将水带到路边，同时，经过平整后，地表水沿着路边流向雨水井或排水通道入口。中间的车辆行驶通道高于两边的停车场，形成凸形横坡，可使地表水流向路边。

图11.22A和图11.22B所示是以图形方式展示了如何用等高线平整某个简单停车场的两种方法。在图11.22B中地表水被引向行车道的中心，而在图11.22A

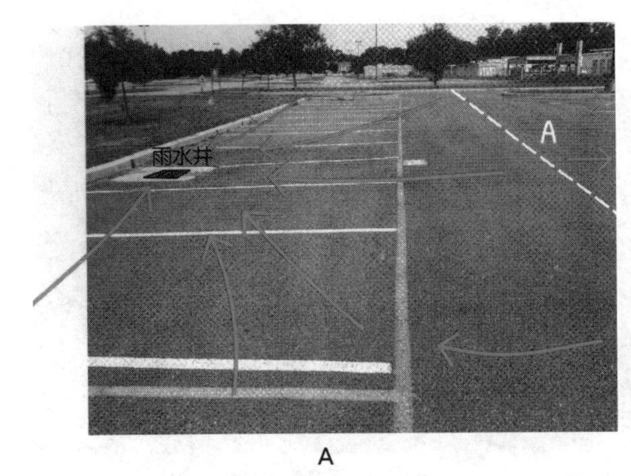

A

B

图11.22 处理停车场地表水的两种方法

中地表水被引向停车场的周边。注意图11.22中雨水井的位置，箭头显示水流从停车场的中心线（虚线A）流向雨水井。

如何将坡面平整为水平面

平整的常见任务之一是在坡面上建立一个水平面，以适应建筑结构。该过程的第一步是建立水平面的高程。设立高程的最佳起点是斜面中间地带的某个位置。例如，假设我们想在等高线101到等高线105之间创建一个水平区域，可以在等高线102.5的位置设立高程。使用这一方案之后，我们可能会发现在工作中由于各种原因，可能使用比102.5英尺高1英尺或低1英尺的位置会有更好的效果。

一旦确立了水平区域的工作高程，接下来就涉及如何重新绘制和修改现有的等高线，第一步是创建水平区域，第二步是引导水平区域的地表水流向低处。图11.23、图11.24A和图11.24B所示是达成这两个目标的图形方式。假设这里的设计意图是创建一块干燥的水平区域，即这块区域的表面水需要引到别处，不至于使拟建结构被水淹没，如住房、学校或其他建筑物。这似乎是一个非常合理的目标。图11.24所示是设计师用来解决各种平整和表面排水问题的地形图。

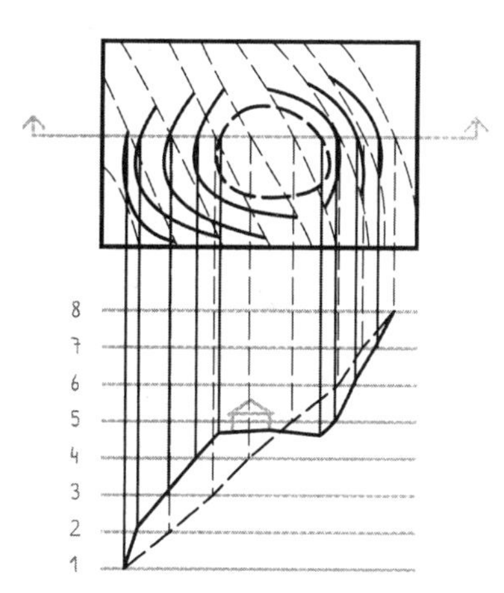

图11.23 使用等高线创建地形的平面图和剖面图

现在，让我们仔细看一下涉及在斜坡上建立水平面的各种要素。图11.25所示是创建带有排水沟的建筑平地的平整细节。这个例子中的地面是从图片的底部开始倾斜，从等高线35倾斜到等高线27。一般我们会在区域E创建水平面，用来建造建筑或野餐的场地。区域E可能会被铲平或

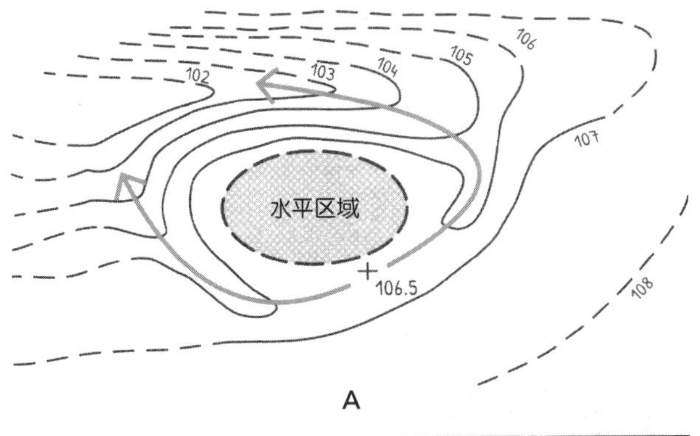

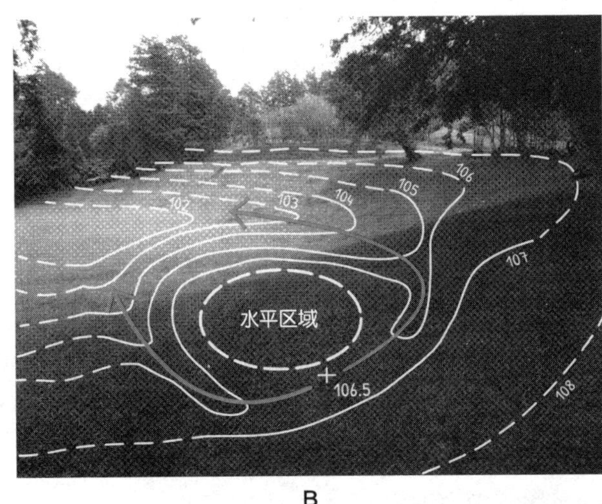

图11.24 创建建筑地坪的平整斜面图。相同视角的平面图在实际景观的上方，以便更形象地理解平整创建平面的形式及如何引导地表径流远离平面区

带有一点坡度，大概向着等高线31会有1% ~ 2%的倾斜。等高线31.5是一个很好的起点。如果我们使用等高线31.5，那么接下来要建立点*A*的高程（我们用来转移地表水的排水沟的起点）。它的高程应该低于31.5英尺，大概在等高线31.4与下一条等高线之间，即等高线31。最平均的点应该是等高线31.25，这样水平区域和等高线31处的地表水会流向等高线31.25处，而不是建筑场地，然后地表水会沿着箭头方向（区域E两边标注为B的地方）绕开水平区域流向较低等高线区域，如等高线31、等高线30、等高线29等。注意标记为C的区域，新绘制的等高线方向朝上，在实际施工中就是铲除或去除多余的土壤材料。区域D的等高线方向朝下，是为了创建区域E所示的水平面，填充了低坡。通过重新调整一些等高线的上坡（切）和下坡（填）方向，我们尽量做到使挖填的土方量平衡。

我们还要注意，这个例子中会发生切割的区域，等高线32是最后要移动的地方。等高线33及以上不需要移动，因为它们下面的等高线移动之后没有穿过或越过等高线33。同样，等高线27是最后需要向下移动的等高线，因为该等高线线没有越过等高线26。

图11.26所示是排水沟应用等高线特征的平整平面图，注意在这张图中，建筑地坪的标高（FFE）为80.25′。通常在平整平面图中要设立一个标高，形成建筑地坪的等高线位于标高之下，离建筑物越远，高程越低。等高线的这种配置确保了地表水远离建筑地坪和向下排出。

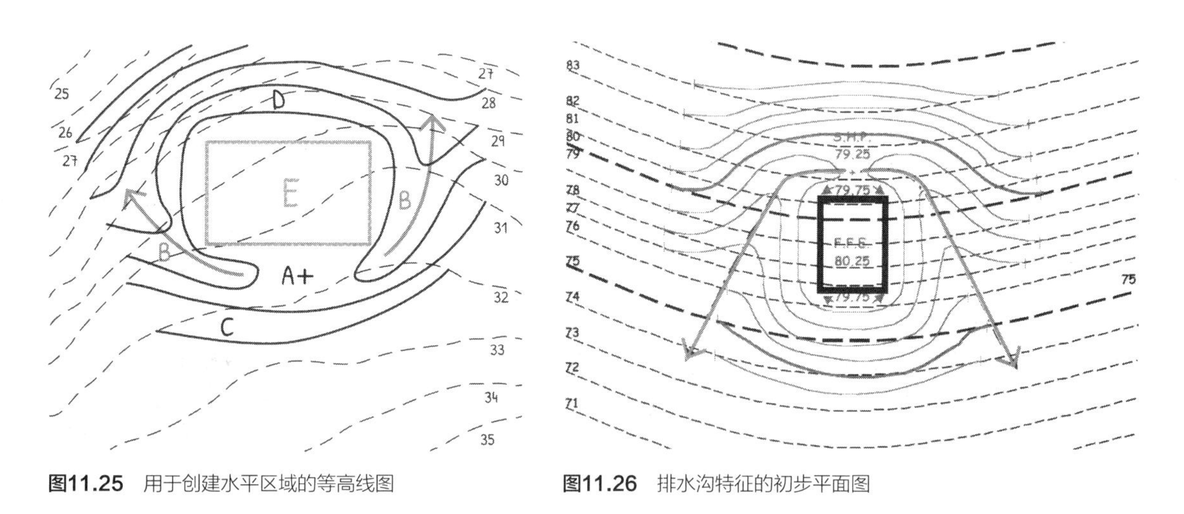

图11.25 用于创建水平区域的等高线图

图11.26 排水沟特征的初步平面图

图11.27所示是公园拟建的停车场。对于等高线的处理方案已经用实线标出，原有的等高线是虚线。注意设计师是如何将中心区域变成最高海拔，并分割停车场形成路拱的。等高线布局使地表水沿着中心岛对角线流向停车场的后角，在这些角处配置了雨水井。等高线布局还可以采用另一种解决方案，建造一条边坡，装一条管道，允许水流下坡，可能进入一个雨水花园。两种解决方案都能解决停车场表面积水的问题。如果附近存在一块湿地，为了减小对周边原始景观的干扰，建造雨水井可能是首选解决方案。设计师还要注意如何使用后面区域（等高线86和等高线87）创建一个类似山丘的地形。

图11.28所示是最后一个例子，展示了具有独立高程点及标有水流方向箭

头的等高线平整设计。这个例子中的平整方案具有一个台阶步道和一个斜坡通道（提供残疾人通道）。从这个平整平面图中，我们能够看出需要独立高程点的数量和位置。如图11.28所示的解决方案是最直接的，需要土方移动量最小。另一种解决方案是模拟现有地形安排，将两个走道之间的等高线变圆或弯曲。这种设计方案比较能融入周围景观。

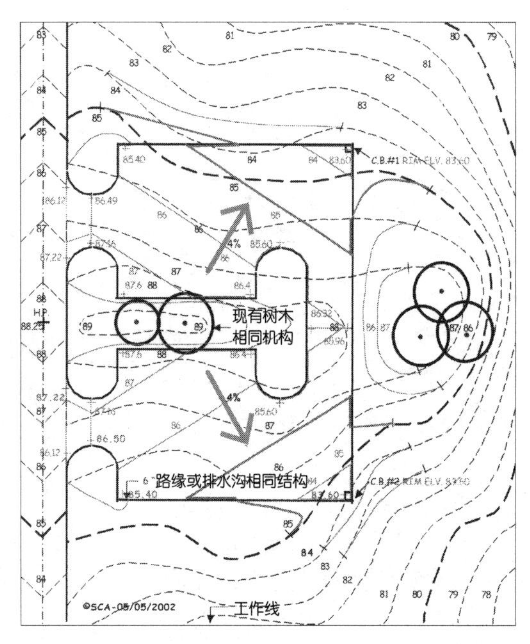

图11.27 小型停车场的初步平面图

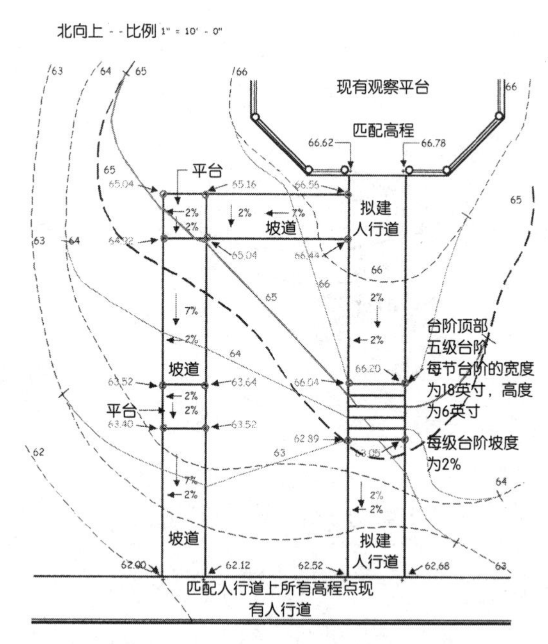

图11.28 拟建入口人行道的初步平面图

接下来，设计师应该估算挖填的规模。挖填规模的估算需要对项目各方面的可能成本进行估算，包括水泥、园林绿化、灌溉和任何其他组成项目设计的要素。只要可能成本的估算在项目预算范围内，就没有理由考虑变更设计来降低成本。在整个平整设计中，平整所需的土方移动量已经是最低的，成本降低可能不可行。同样的评估可以适用于图11.29中的平整规划。这个例子中的平整规划对现有地形的改变是最小的，因为新的等高线不会延伸到很远的地方，离整个停车场的等高线很近。对于挖填规模的估算将在后面的章节中讨论。

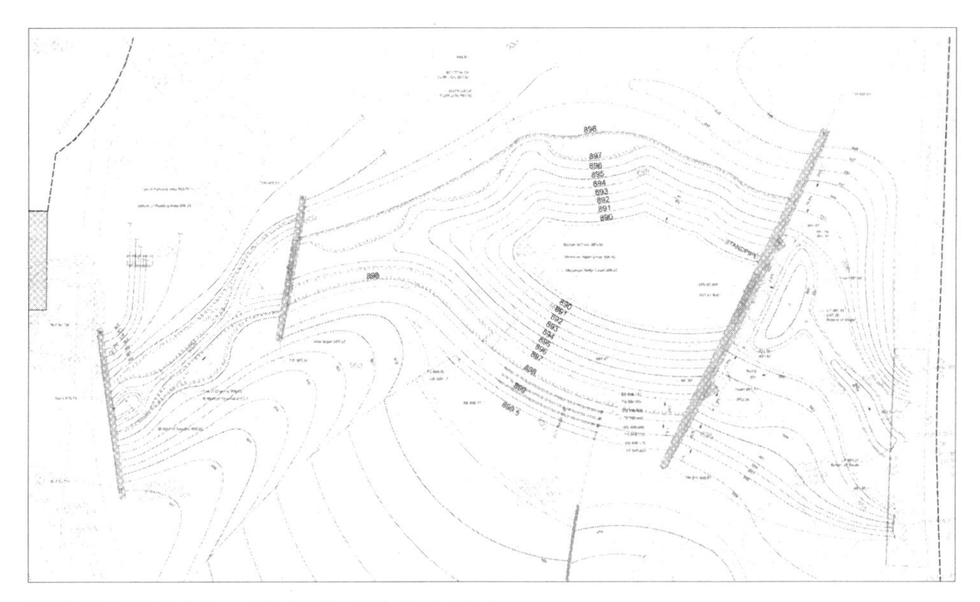

图11.29 蓄水池 汉弥尔顿林肯学院戏剧与演播室艺术

12

第十二章 基本解决方案

本章内容

- 八种常见的基本平整解决方案
- 多种基本平整解决方案的综合应用

引言

每个景观场地都是独一无二的，它们具有自己的特质和复杂的自然形成过程。人为因素也以建筑活动的方式增加了景观场地的复杂性。在平整活动中，重点在于地形和现场地表水的处理。场地平整是景观设计的基础，是实验、审美和功能化的整体。虽然每个景观场地都是不同的，但是解决场地平整的方案有几种标准处理方法。尽管平整方案看起来不一样，即细节处理是不一样的，然而其相似性比我们想象得多。本章将介绍解决平整问题的基本方法。通过循序渐进的方法让读者了解几种平整解决方法。这些循序渐进的方法的目的不是尽量减少所涉及问题的复杂性，而是在将来平整活动遇到问题时，该如何思考和解决问题。

设计师在准备平整方案时所要考虑的基本解决方案归纳为八种，如图12.1所示。任何场地平整设计都可能会用到这些方法的组合。接下来将简单介绍这几种方法。

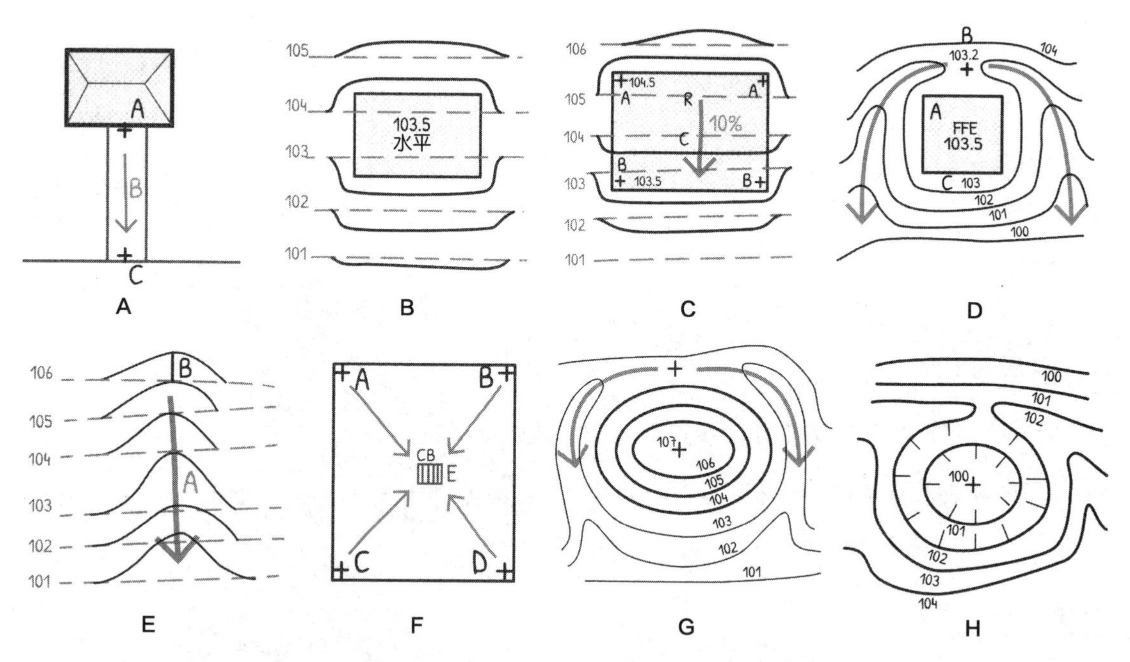

图12.1 A. 创建简单斜坡；B. 在斜面上创建水平区域；C. 创建斜面；D. 在水平区域周围创建排水沟；E. 创建排水沟；F. 创建收集地表水的流域；G. 创建雕刻地形；H. 创建蓄水池或洼地

创建简单斜坡

平整规划中最常见的工作就是创建一个斜坡，如部分人行道、铺面，以及风景区和玩耍区的斜面。创建斜坡包括建立或确定两个独立高程点，即斜坡最上端和最下端的高程点，图12.2所示是创建坡度为5%的斜坡。设计师需要确定点*A*和点*B*的高程。点*A*的高程为34.5英尺，为了计算点*B*的高程，设计师需要根据带标注的平面图，确定两点之间的坡度。一旦确定了坡度（这里是5%），设计师就可以根据两点之间的水平距离，运用公式$S=V/H$计算出点B的高程。假设两点之间的水平距离是35英尺，则有

$$S=V/H$$

$$0.05=V/35'$$

$$V=0.05\times35'=1.75'$$

点B的高程即点A的高程减去算出来的答案（1.75英尺）。如果点A的高程是34.5英尺，那么B点的高程是

$$34.5'-1.75'=32.75'$$

在已知斜坡坡度的情况下，确定地面上某点的高程的步骤也可以用来定位新等高线的位置（见图12.3）。在这里，我们需要确定点A与下面等高线的距离，点A的高程是34.5英尺，我们需要找到等高线33或等高线34。

图12.2 从停车场到建筑区上层的倾斜人行道

图12.3 定位等高线可以在这个人行道上创建坡度为5%的斜坡。知道坡度和斜坡起点（A）和斜坡终点（B）的高程，可以确定两点之间的中间等高线位置

$$S=V/H$$

$$S=0.05$$

$$V=34.5'-34'=0.05'$$

$$0.05=0.5'/H \quad H=0.5'/0.05 \quad H=10'$$

等高线34位于距点*A*的下坡10英尺的位置。在平整平面图中，设计师使用工程师比例尺从人行道上的点*A*测量10英尺确定等高线34。接下来，寻找等高线33。

$$S=V/H$$

$$S=0.05$$

$$V=34'-33'=1.0'$$

$$0.05=1.0'/H \quad H=1.0'/0.05 \quad H=20'$$

等高线33位于距等高线34的下坡20英尺的位置。设计师使用工程师比例尺在平面图上距离等高线34的下坡20英尺的位置确定等高线33。

在斜面上创建水平区域

另外一种常见工作是在斜面上创建水平区域（为了建筑物或结构）。为住宅创建水平区域时，设计师需要为水平建筑地坪确定一个高程，如图12.4A和图12.4B所示，这个高程被称为室内地面标高。确定这个高程最简单的方法是平均建筑地坪上最高和最低等高线的高程。图12.4中的最高等高线位于等高线104和等高线105之间；最低等高线靠近等高线102，在等高线102和等高线103之间。所以此例中室内地面标高的平均高程的计算过程如下：

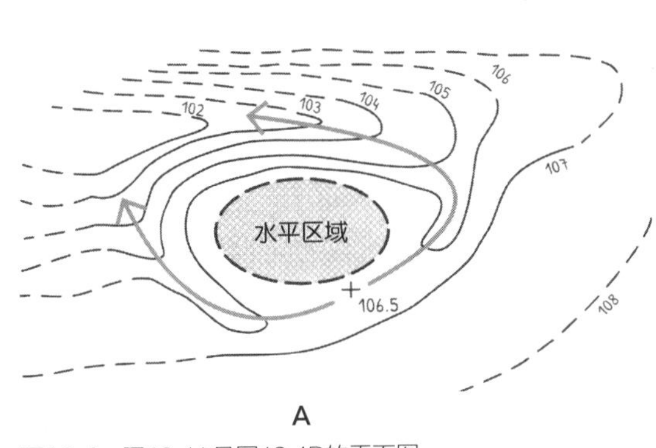

图12.4 图12.4A是图12.4B的平面图

$$104.5' - 102.5' = 2.0'$$

$$2.0'/2 = 1.0'$$

将结果1.0′与102.5′相加，得到103.5′，这是拟建建筑物的初始高程。一旦确定了室内地面标高，其他等高线就可以按照图12.1D中的示例处理。

创建斜面

平整现有场地以容纳建筑物、停车场的铺面或运动场时，需要考虑两个基本的操作：①创建一个水平或平缓的倾斜表面；②收集和引导地表水，使多余的地表水远离拟建建筑物的水平面、铺面或运动场。图12.1D所示是组合两个操作过程的平面图：创建一个水平或倾斜的表面，并建造一个排水沟使地表水远离水平区域。图12.4A所示是平整平面图，图12.4B所示是标有等高线的现场图，帮助读者想象三维的平整解决方案。

图12.5A ~ 图12.5E可以让我们进一步了解该方案。在此例中，建筑地坪是矩形的，从拐角*B*开始，倾斜到拐角*C*，平均坡度为2%，设计师需要确定点*A*

的高程。一旦确定了点A的高程，设计师就可以继续计算其他拐角的高程，然后重新规划等高线，编制倾斜平面和周围排水沟。创建此平整解决方案的过程如图12.6所示。

设计师在倾斜的地形上创建一个倾斜的铺面，如网球场、露台或停车场，需要确定和计算独立高程点和等高线，它们代表对现有地形所需的修改。如图12.1C所示的方案被认为是结合了如图12.1A和图12.1B所示的两种基本解决方案来解决平整问题。同时，在这个例子中，没有必要如图12.1D所示那样阻止地表水流向建筑地坪。

在图12.5A所示的例子中，建筑地坪表面的上坡角点B的高程为104.5英尺。注意，该点的高程落在两条现有等高线之间：等高线104和等高线105，所以设计师决定将上坡角的高程设为104.5英尺。接下来，设计师将从高程点104.5英尺开始，使用2%的坡度，运用公式$S=V/H$确定点C的高程。点C的高程为102.5英尺（见图12.5B）。

在图12.5B中，设计师注意到两条等高线位于104.5英尺和102.5英尺之间，这两条等高线分别是103和104。为了确定它们的位置，设计师使用公式$S=V/H$。例如，为了确定等高线104的位置，计算点B和等高线104的垂直高差，为0.5英尺。

$$S=V/H$$

$$0.02=0.5'/H$$

$$H=0.5'/0.02=25'$$

设计师从点B的下方测量25英尺来定位等高线104。为了找到等高线103的位置，取等高线104和等高线103之间的垂直高差，即1.0英尺，如图12.5C所示。

$$S=V/H$$

$$0.02=1'/H$$

$$H=1'/0.02=50'$$

设计师从等高线104的下方测量50英尺来定位等高线103，如图12.5C所示。在图12.5D中，设计师连接建筑地坪上的等高线103和等高线104，使它们与建筑地坪之外各自原有的等高线相交，承包商会根据平面图中新绘制的等高线对斜坡进行平整，并根据图12.5E所示的等高线完成平整工作。

在水平区域周围创建排水沟

下面介绍如图12.6所示的基本解决方案的应用过程。图12.6中用黑线标注的水平区域用于拟建建筑。为了确定水平区域的标高，介于建筑地坪的最高高程和最低高程之间的中间高程必须确定。位于画线区域上坡与下坡的两点*A*和*B*表示现有地形上的高程范围。

确定建筑地坪的标高。假设设计师希望平衡挖填的土方量，标高可以取坡上点*B*和坡下点*A*的中间值。点*A*的现有高程为103英尺，点*B*的高程约为105.2英尺。

- 点*A*和点*B*的高差为105.2′−103′=2.2′。
- 2.2′的一半为1.1′。
- 将1.1′添加到103′中，就得到建筑地坪的中间高程，即104.1′，如图12.6B所示。

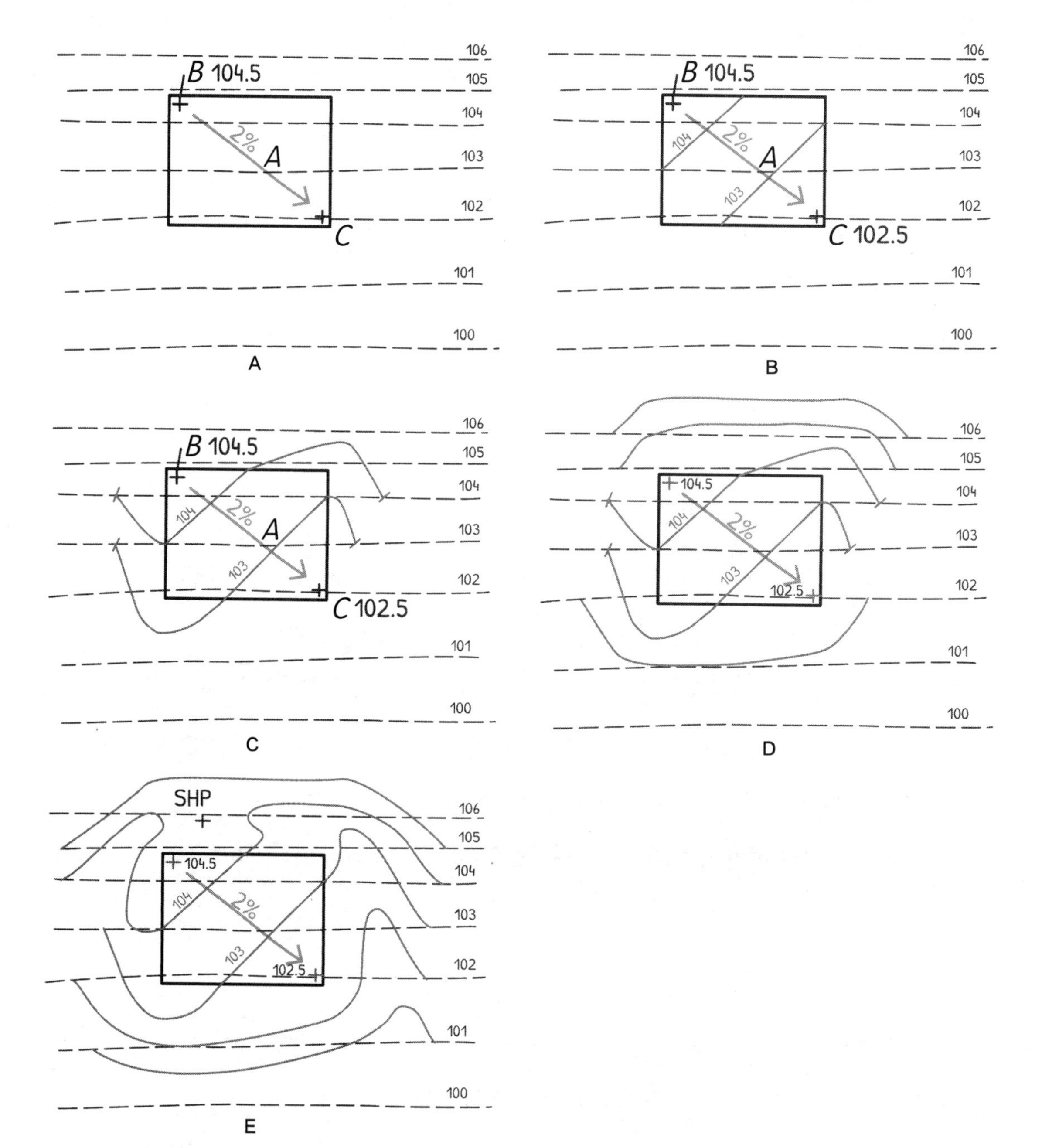

图12.5 高程点和现有的等高线平面图

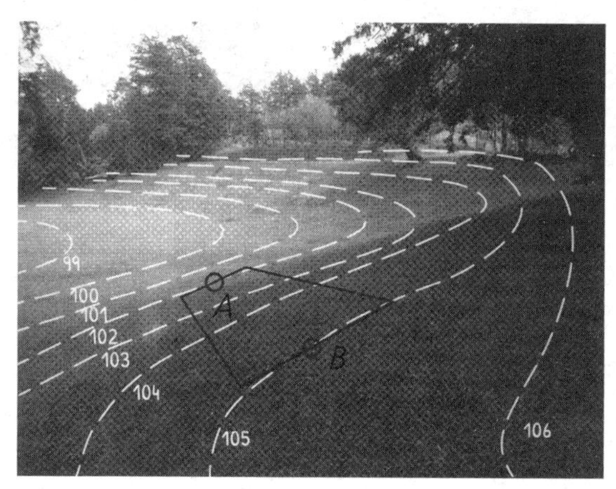

图12.6A 第一步：拟建建筑地坪的*A*点和*B*点的高程可用于确定建筑地坪的标高（FFE）

图12.6B 第二步

确定排水沟高点（SHP）的高程。确定这个高程要求我们考虑很多变量，如高程点和建筑地坪之间的距离及与建筑地坪相邻的活动区域之间的距离。一般来说，高程点定位在建筑地坪上方中点位置。所以地表水可以从建筑地坪的两侧往下流。排水沟高点的高程应该低于建筑地坪的高程，这样来自建筑地坪后方的地表水可以沿坡度为1%的斜坡远离建筑地坪。

注意图12.6C中的等高线104，它的形状代表基本处理方案。等高线104围绕建筑地坪形成排水沟，引离等高线105上方和等高线103及以下的地表水。图12.6D中标有B的箭头表示排水沟的坡度至少为2%，如果天然的地形更加陡峭，坡度可以更大，但不得超过5%，以免排水沟被腐蚀。

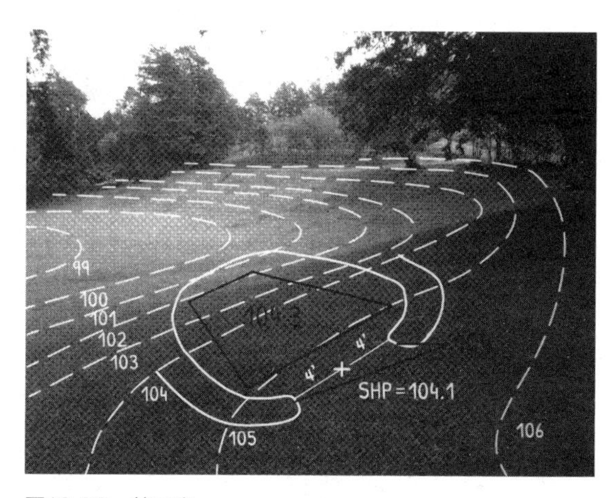

图12.6C 第三步

完成等高线104的修改之后，接下来的步骤是继续延伸排水沟，定位之后排水沟的等高线，创建完善的排水沟斜坡底部（见

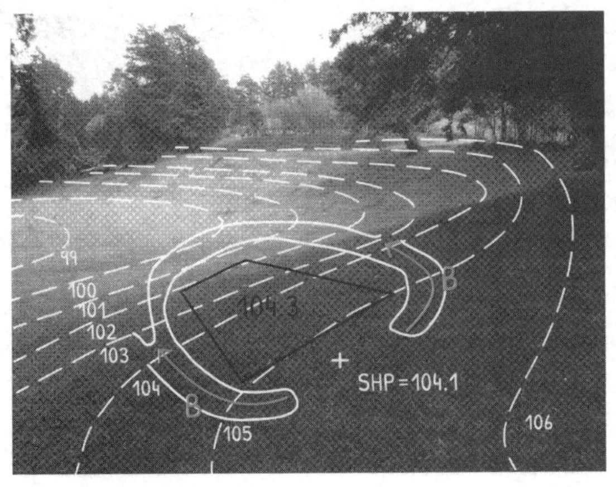

图12.6D 第四步

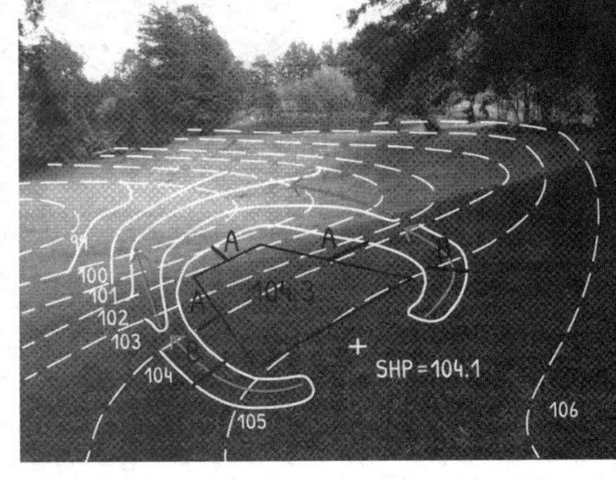

图12.6E 第五步

图12.6E）。如果斜坡的坡度是2%，那么等高线之间相差50英尺。

余下的等高线重新定位之后，应注意两件事情，其中排水沟底部大概位于等高线100的位置。当位于最后一条要修改的等高线后面的等高线定位之后，得到了理想的排水沟斜坡（坡度为2%），这才是排水沟的底部。

注意图12.6E中的项目A和项目B。项目A代表建筑地坪边缘到等高线104的距离，这个距离可以根据理想的斜坡坡度计算。如果该地区不需要铺面，那么坡度取决于建筑地坪的处理方法和使用用途，坡度可以是1%～3%。一般来说，排水沟可能位于离建筑地坪更远的位置，以使建筑地坪具有其他用途和功能。如果建筑地坪是住宅，需要为景观改造提供空间，如阳台和走道，以及带有码头的池塘。如果是这种情况，排水沟与建筑地坪的距离可以是20英尺或30英尺，那么地面的坡度可以设置为1%或2%。

项目B表示排水沟的宽度。排水沟的宽度可以随着长度而变化，它的尺寸必须确定，以保证斜坡的坡度为2%～5%（在比较不容易腐蚀的地坪上，斜坡的坡度可以大一点）。

第六步（见图12.6F）是重新定位等高线105和它上面的等高线。注意，此例中等高线105改变了，因为等高线104重新定位之后，越过了等高线105。如果其他等高线也受到影响，则也需要修改。等高线105被修改的区域称为后坡，在这种情况下需要进行挖土工作。在修改等高线105时，设计师应该建立一个后坡，避免因太陡峭而造成土壤侵蚀。

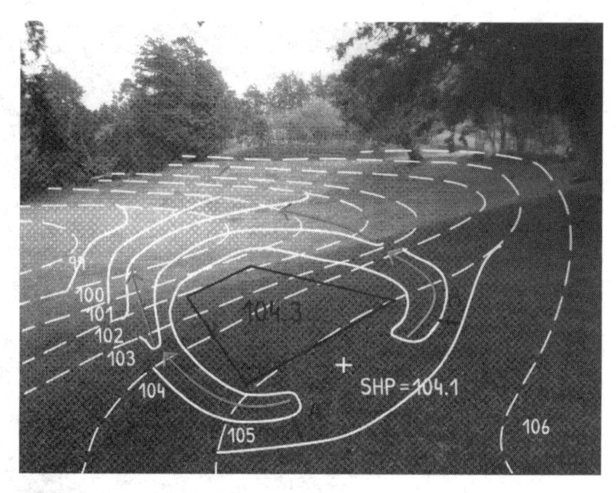

图12.6F　第六步

创建排水沟

在景观中建立排水沟的目的是储存地表水或将地表水带到建筑工地的其他位置。地表水可以流向现有池塘、周围的排水沟或雨水井（雨水井通过地下管道流入雨水处理系统）。排水沟也可以改成生态沟，同时具有现场处理水和蓄水的功能，而普通的排水沟只能收集地表水和引流地表水。将排水沟设计成生态沟可以放慢水流速度，使水渗透到土壤中，进入地下水，丰富地下含水层；还可以选择种植一些植物，用于溶解各种污染物，防止污染物被水带入排水沟，如停车场中的各种油和化学物质，以及由地表水从周围种植区域带来的杀虫剂和肥料等化学物质。

图12.7A和图12.7B所示是道路旁边的排水沟及其平面图。创建排水沟的过程如图12.8A ~ 图12.8D所示。在这个例子中，设计师所要创建的排水沟具有生态沟的作用。

A

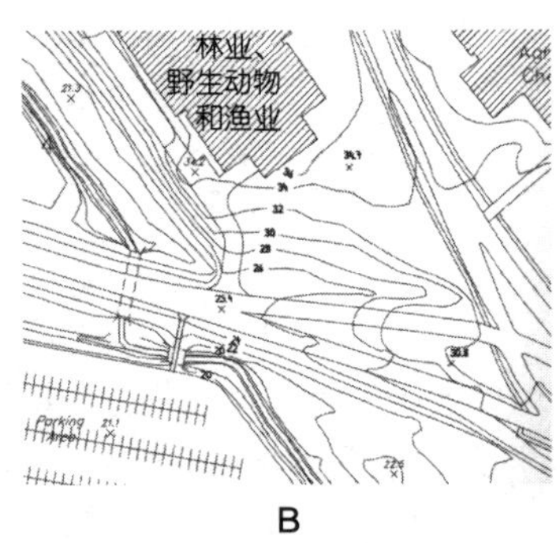

B

图12.7 道路旁边的排水沟及其平面图

确定所需排水沟的位置和坡度。建立的斜坡坡度最小为2%，最大不超过15%。在具有较少腐蚀性土壤的地形上，坡度可以更大。一般来说，陡峭斜坡的排水沟带有大量的水，容易造成腐蚀。

此例中考虑建立坡度为5%的斜坡。为了达到5%的坡度，等高线之间的距离应为20英尺。

$$S=V/H$$

$$0.05=1'/H$$

$$H=20'$$

排水沟沿线每隔20英尺的地方标注了字母A。

下一步是修改排水沟沿线的等高线，从等高线108开始，每条等高线间隔20英尺。

如果设计师希望保留地表水，以支持排水沟沿线的植物物种的多样性，则

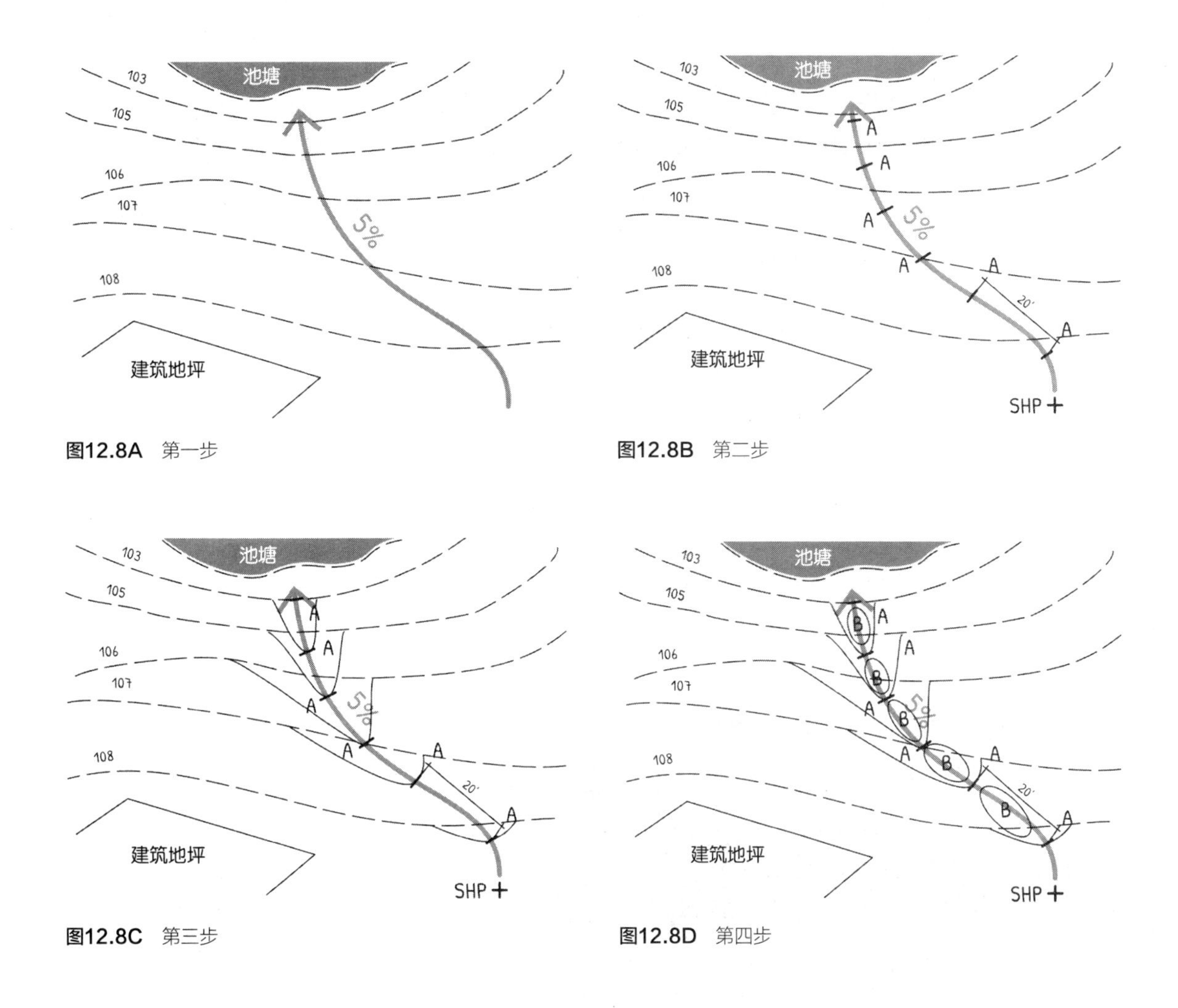

图12.8A 第一步

图12.8B 第二步

图12.8C 第三步

图12.8D 第四步

会创建中等或小型的池塘或洼地生态沟（B）。这些池塘或洼地的深度和面积可能不一样，由设计意图、审美或植物种类决定。

创建收集地表水的流域

在一般情况下，将水引到现场工地的其他位置或将水流从一处引到另一处是不太可行的。一个合理的选择就是简单地将地表水或水流带入蓄水池或雨水井系统，通过地下管道将水带入城市的雨水处理系统。

这样的系统是如何工作的呢？我们可以想象一下流域的工作原理，流域的面积可以小到几百平方英尺，甚至更小，也可以大一点，但不超过1英亩。图12.9A所示是位于南加州山脉的图片。图片中的山脉有三个相邻的流域，三个流域又进一步分为排水沟和天然洼地。流域是一个由较高地貌界定的区域，如带有排水沟的群山和V形的山谷或溪流，落入这个区域的雨水最终流进单一的水道或水体，如河流、湖泊、湿地或海洋。

图12.9B所示是一个较大的校园，校园中央有宽阔的人行道。虚线勾勒出的区域实际上是一个小流域，任何落在虚线区域内的水都会流向位于中心点的雨水井。雨水井的目的是将水带入地下管道并进入附近的雨水处理系统（城市雨水处理基础设施的一部分）。

图12.9A 南加州山脉的流域和人行道上类似小流域的区域

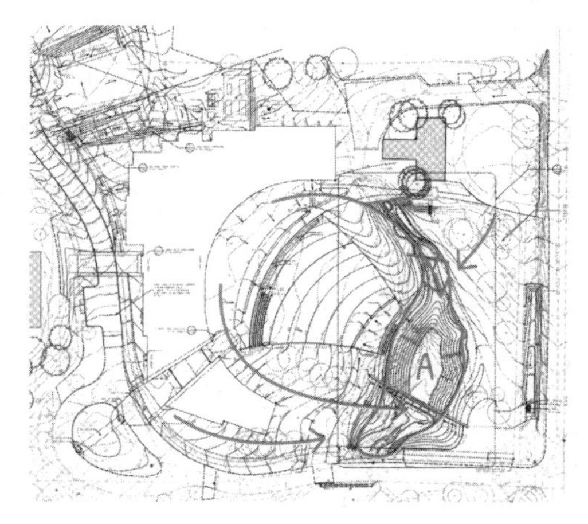

图12.9B 平整平面图的一部分，下方的蓄水池用于收集圆形广场和建筑物背面的地表水

铺面上雨水井的设计

设计师创建完铺面，就会考虑将区域细分为较小的象限或流域，用来处理

地表水。通过这种方法，设计师可建造出一种感觉上是水平的而不是倾斜的铺面。象限的数量和面积可以不同，如图12.10A所示。

图12.10B中的箭头表示理想的表面水流方向，虚线区域内的箭头表示水是流向象限中心的雨水井的。设计师为象限周边建立一个高程，它很可能与整个大的周边高程是一样的。

图12.10A 第一步

图12.10B 第二步

象限的角落指向雨水井的箭头代表斜坡方向和坡度（见图12.10C）。如果先假设坡度为1%，那么雨水井的高程就会建立，检查坡度为1%的斜坡是否太陡，计算流域周边中点与雨水井之间的坡度，这个坡度应该小于2%。如果坡度超过了2%，就要把象限对角与雨水井之间的坡度降低到0.5%（类似广场的铺面坡度可以是0.5%或1%）。

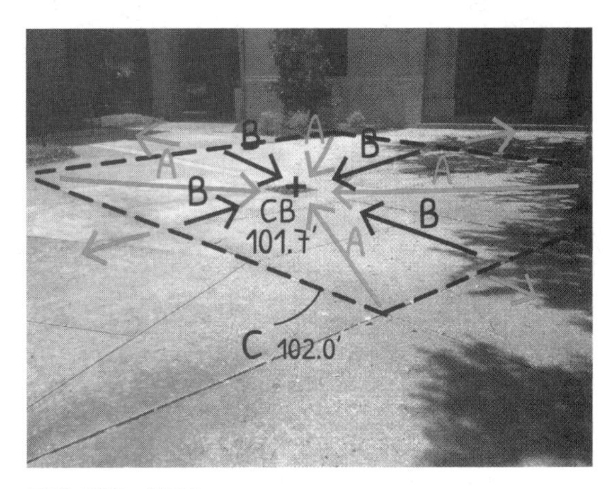

图12.10C 第三步

最长对角线的对角与雨水井之间的坡度为0.5%或1%，可以确定雨水井的高程。如果最长对角线的斜坡坡度为1%，流域边线与雨水井之间的最短距离会比较陡峭，为了使表面看起来平缓或水平，适合广场的设计，地表水流过最短距离的斜坡坡度不应该超过1%或1.5%。如果最短对角线的斜坡坡度超过了1.5%，那就需要重新规划最长对角线的坡度，最好降到1%以下，如降到0.5%。在这个例子中，周边高程为102.0英尺，而雨水井边缘的高程为101.7英尺。

创建雕刻地形

平整设计需要考虑实用性，也需要考虑美观性。成功的平整方案同时注重景观场地的实用性和美观性。在此过程中，设计师将努力融入设计因素，对现有地形添加三维效果，如图12.11所示。在这个例子中，设计师不仅修改了景观，以适应入口道路，还增加了景观的雕塑感，增强了景观的观赏性，为驾驶者带来了全新的体验。所创建的地形为入口道路创造了一个不同的视觉体验和对周围的建筑物产生了奇妙的效果。

如图12.12所示的公园位于曼哈顿下城高层住宅区，它利用了具有鲜明雕刻感的地貌。设计师旨在建造多样化的、相互联系的空间，使最后的作品产生视觉上的吸引力和空间上的错层变化。成熟的平整方案使得公园的各使用区域同精致的植物结合得很完美。图12.13和图12.14所示是雕塑感地形中不同空间设置的图片。

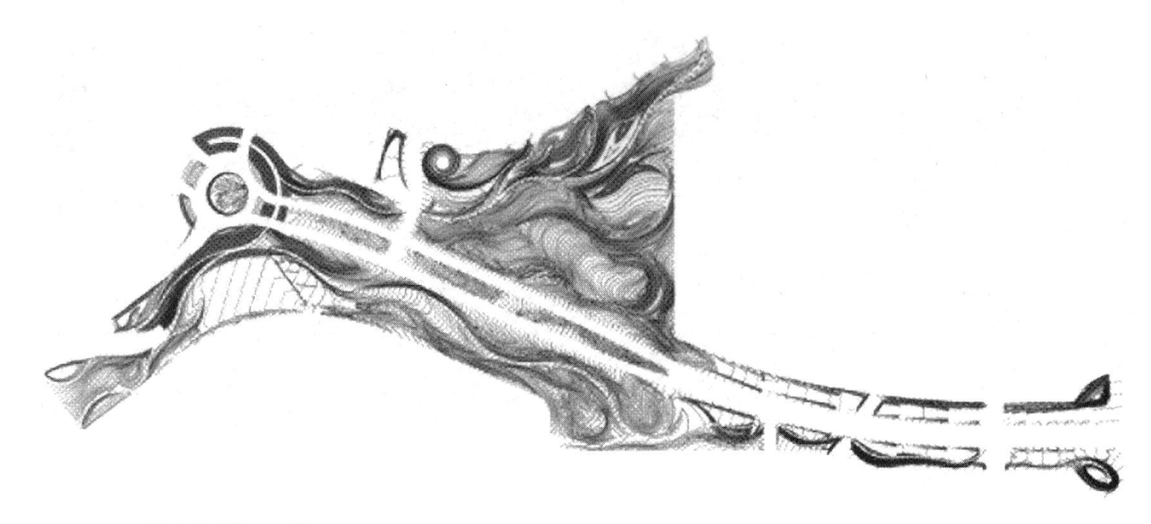

图12.11 计算机生成的平面图
图片来自设计工作坊

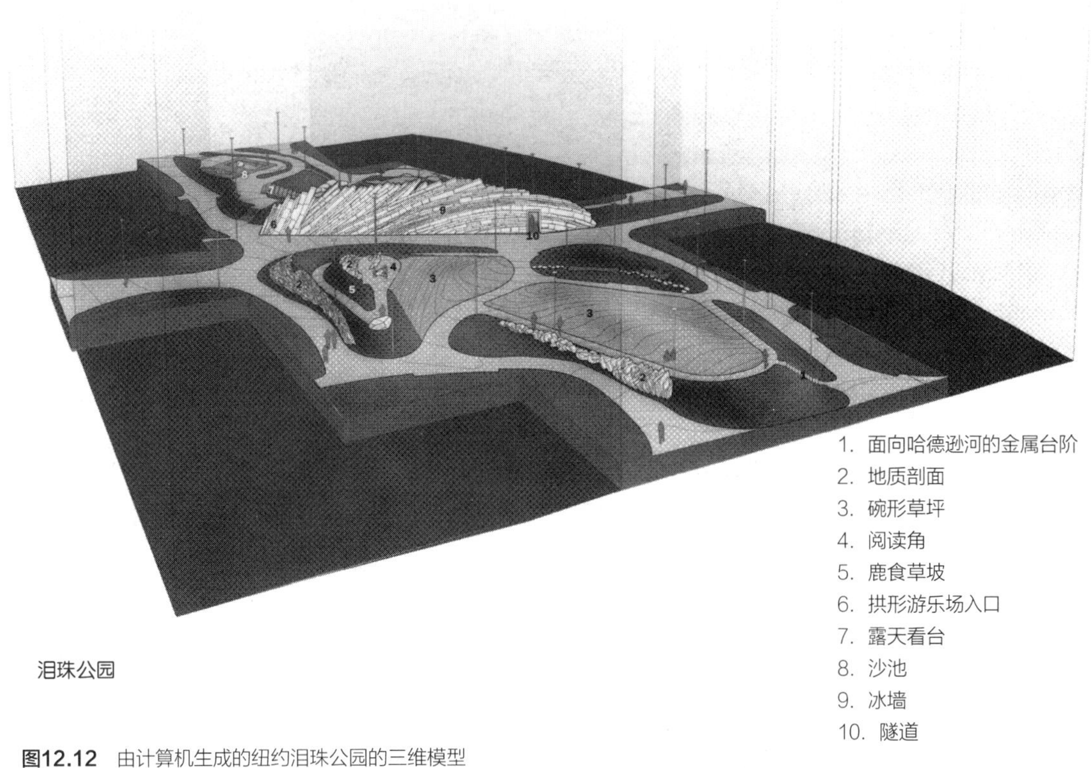

图12.12 由计算机生成的纽约泪珠公园的三维模型
图片来自MVVA景观设计事务所

图12.13 儿童滑梯和操场

图12.14 有层次感的草坪区提供视觉体验的乐趣 泪珠公园 纽约

创建蓄水池或洼地

平整方案必须包括对景观场地地表水问题的处理，不管是雨水侵蚀等自然发生的后果，还是人为建设过程中所引起的地形变化，都会造成地表水的蓄积。设计师可以建造一个排水沟或一个排水系统，用来收集地表水，然后将其引到现场其他位置。

有时候需要保留或储存地表水，而不是将其引到市政雨水处理系统。越来越多的政府实体要求将最佳的管理实践纳入平整方案中。平整方案包括用于储存水的雨水滞留池或蓄水池，在某些情况下，通过生态沟和生物蓄水池系统清洁污染物和残骸。图12.15所示是一个现场池塘，用于储存地表水，避免将牧场中的相关污染物带入下坡的河流中。图12.16中的蓄水池的作用是储存雨水，使其用于灌溉，以及沉淀水中的淤泥。

简单住宅地的平整概念

本章把平整规划看作各种基础解决方案的综合应用。基础解决方案是可视

图12.15 哥斯达黎加一处牧场建造的蓄水池，以防止污染物流入下游

图12.16 佐治亚大学校园新建的景观蓄水池

化平整方案的一种方法。这些解决方案并不能简单地理解为从调色板中选择颜色应用到图纸上。设计师可能首先会考虑这些解决方案中的一个或多个需要解决的平整问题。在实际应用中，设计师不会把它们当作基准方案来考虑，但是对于初学者来说，这可能是一个很好的开端。本章所介绍的方法不应该降低平整方案的复杂性，这些复杂性才能让设计师挑战自己设计出的平整方案的实用性和美观性。

在以下示例中，每个平整问题都有不同的基本解决方案。而哪个是最实用或最理想的解决方案，设计师会根据某些因素来考虑。做选择时最值得考虑的因素是成本及现场条件，如地形限制、项目方案和候补地形等。

三种初步解决方案

图12.17A ~ 图12.17C提供了三种用于解决简单住宅用地平整的初步解决方案，方案A是将建筑物设置在场地海拔最高处，创建的四个平面将雨水排到建

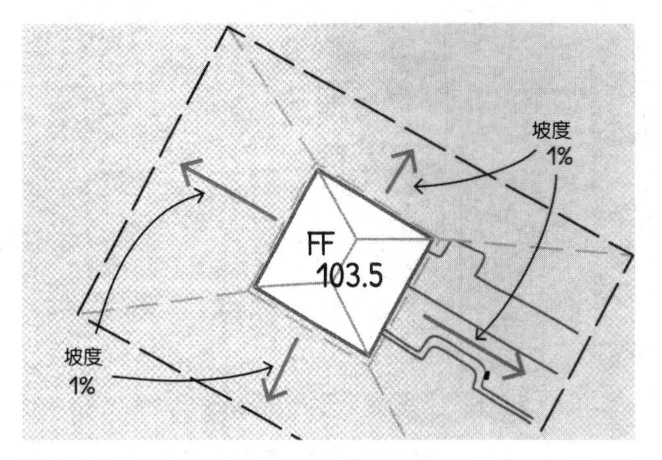

图12.17A 场地平整方案A，建筑物位于最高海拔处，高于周边，因此水会远离建筑物

筑物的地界线边缘。方案B将建筑物设置在海拔最高处，然后创建两个排水沟，使雨水绕过建筑物流向街道，该方案假设该地块是向前倾斜的。方案C是在建筑物后面建立一个雨水井，用于收集雨水，雨水就不会流向建筑物。建筑物其他地方的处理是通过排水沟将水导向建筑物的前面或街道。

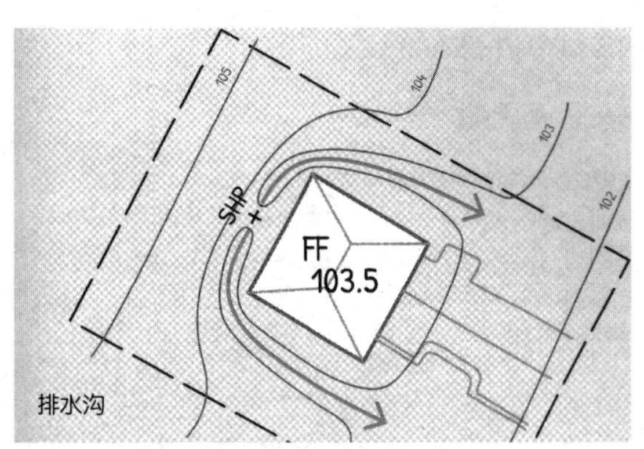

图12.17B 场地平整方案B，建筑物位于最高海拔处，高于周边，然后创建排水沟，使雨水绕过建筑物流向街道

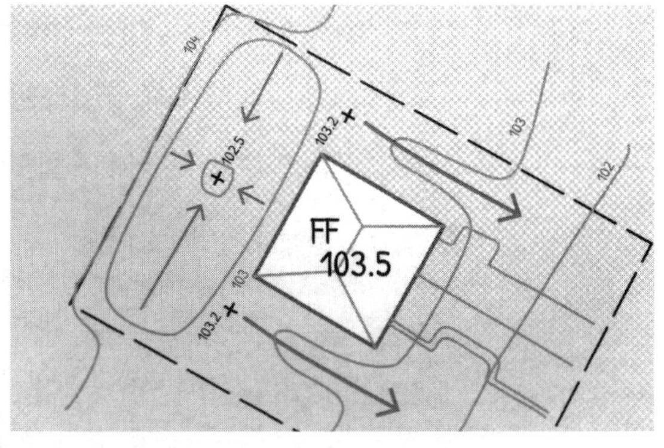

图12.17C 场地平整方案C，雨水井收集地表水，结合排水沟，将建筑物周围的水导向建筑物的前面和街道

需要注意的是，更复杂的现场状况和场地规划需要结合本章提到的各种基本方案，这些方案也有各种变体。值得注意的是，采用基本方案的平整方法在解决项目时需要更复杂的物理条件和简化的政府要求。经过实践，设计师会根据对场地的了解开发多种平整方案，以寻求最好的方法来编制兼具实用性和审美性的解决方案。

应用独立高程点和等高线解决网球场或其他大型运动场的平整问题

图12.18A所示是在斜坡上建立双人网球场的平整平面图，图12.18B所示是基础平面图，绘制了现有等高线和现有人行道的高程。该平整方案将从*A*和*B*两点的高程开始：98.0′和97.95′。这两点的高程都在现有人行道的终点，而且它们是固定不动的，设计师所设计的双人网球场入口的人行道应该与之相交。

本例中网球场场地的解决步骤

- 网球场以1%的坡度倾斜。
- 排水沟的中心线从排水沟的高点（SHP）开始至少有2.5%的坡度。
- 排水沟的最小宽度为10′。
- 无铺设区域的坡度为20%～25%。

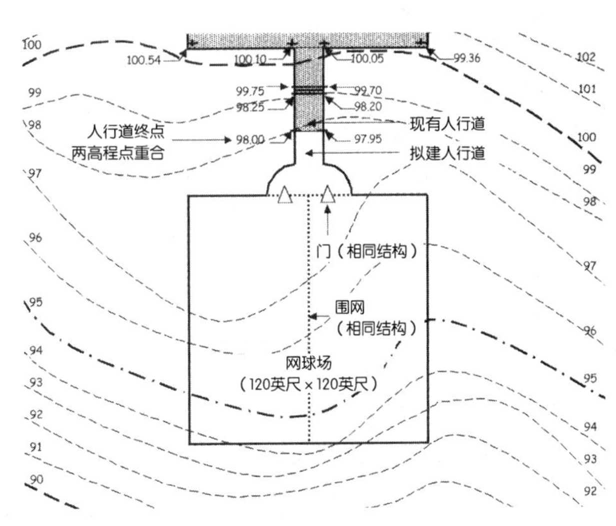

图12.18A～图12.18H 标有等高线的双人网球场的平整平面图
图片由萨迪克·阿敦克提供

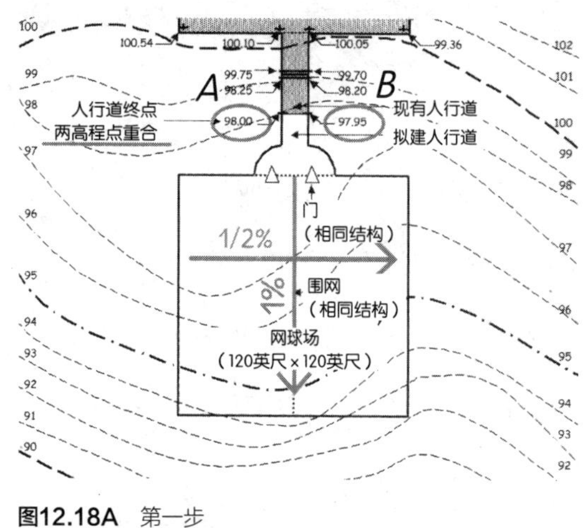

图12.18A 第一步

图片由萨迪克·阿敦克提供

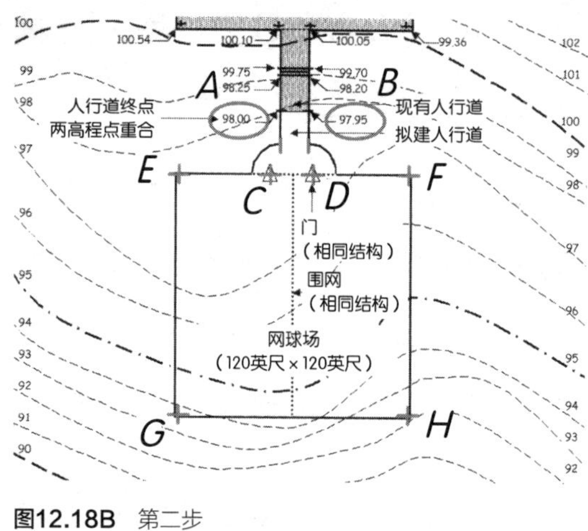

图12.18B 第二步

图片由萨迪克·阿敦克提供

首先，请注意现有人行道的左侧（点*A*的高程为98.0′）稍微高于右侧（点*B*的高程为97.95′）。现有人行道位于坡度为0.5%的横坡上。假设主要斜坡坡度为1%，并且一直到网球场的边缘都保持该坡度，人行道与网球场相交处的两高程点如下：点*C*的高程是97.86′和点*D*的高程是97.83′。假设横坡坡度（0.5%）沿着点*F*和点*G*划分的线一直持续到网球场上，我们可以计算出网球场的两个上角的拟建高程。使用公式$S=V/H$，S为0.5%，测量高程点*H*到各个角的距离，然后求解*V*。点*E*到点*G*的坡度为1%，它们之间的水平距离*H*为120英尺。计算点*G*和点*H*的高程。

$$S=V/H$$

$$0.01=V/120'$$

$$V=120'\times 0.01=1.2'$$

点*E*的高程为97.86′；

点*G*的高程为97.86′−1.2′=96.66′；

点*H*的高程为97.55′−1.2′=96.35′。

现在我们知道了网球场两个下角的高程（点G和点H），高程点或等高线97可能落在两个上下角之间的某处。为了找到等高线97的位置，需要确定它是在点E和点G之间，还是在点F和点H之间。我们需要计算在这两种情况下的水平距离H。

点E和等高线97之间的垂直距离为97.86′ −97′ =0.86′ 。

$$S=V/H$$

$$0.01=0.86'/H$$

$$H=0.86'/0.01=86'$$

即点E和等高线97之间的水平距离为86′ 。

然后测量点E和等高线86之间的水平距离，已知网球场上等高线97的位置，点F和点H之间的垂直距离为97.55′ −97′ =0.55′ 。

$$S=V/H$$

$$0.01=0.55'/H$$

$$H=0.55'/0.01=55'$$

即点F和等高线97之间的水平距离为55′ 。

测量从点F到等高线97的距离。连接如图12.8C所示的等高线97上的两点。现在我们在网球场上定位了等高线97，我们需要将其连接现有的等高线97，并将其用作标准排水沟，以2.5%的坡度引流地表水，如图12.18D所示。

如图12.18E所示，了解如何将等高线97绘制成标准排水地。注意，SHP或点A和点B到等高线97（排水沟）起点的距离。该距离使用公式$S=V/H$计算。

前面已经计算出了点A的高程，即97.5′ ；等高线97与点A的坡度为2.5%。

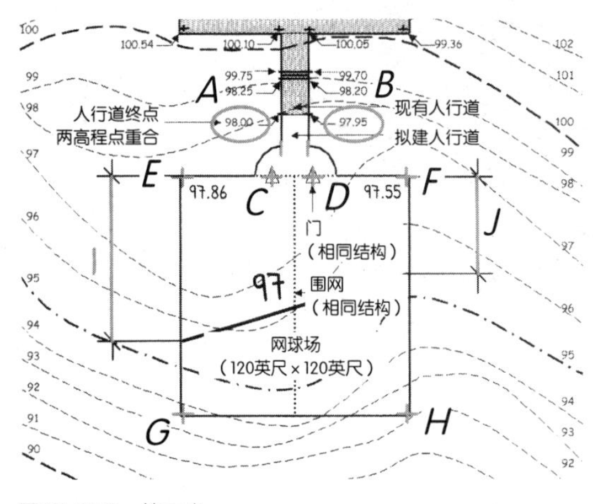

图12.18C 第三步

图片由萨迪克·阿敦克提供

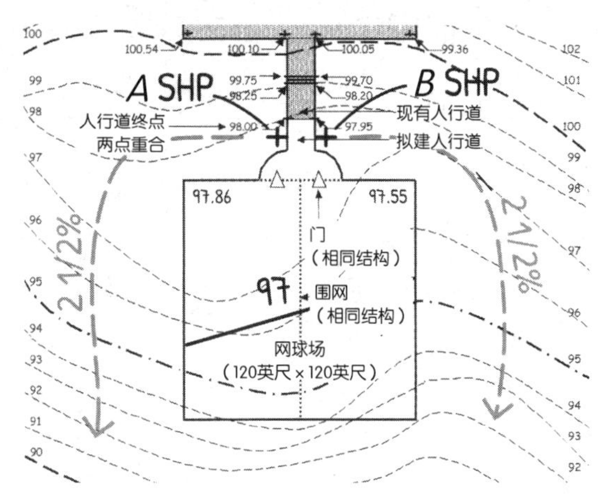

图12.18D 第四步

图片由萨迪克·阿敦克提供

$$S=V/H$$

$$0.025=0.5'/H$$

$$H=0.5'/0.025=20'$$

即点A和等高线97之间的水平距离为20英尺。

点B的高程已计算出来了，为97.45′；等高线97与点B的坡度为2.5%。

$$S=V/H$$

$$0.025=0.45'/H$$

$$H=0.45'/0.025=18'$$

即点B与等高线97之间的距离为18英尺。

在图12.18F中，等高线98已定位。等高线97到等高线98沿着排水沟中心线的距离是

$$S=V/H$$

$$0.025=1'/H$$

$$H=1'/0.025=40'$$

所以每条等高线之间的距离为40英尺。

在第十三章中，我们将结合本章所学的关于等高线和高程点的内容及其他致力于开发更详细的平整解决方案的知识，用于解决多种多样的平整设计问题。

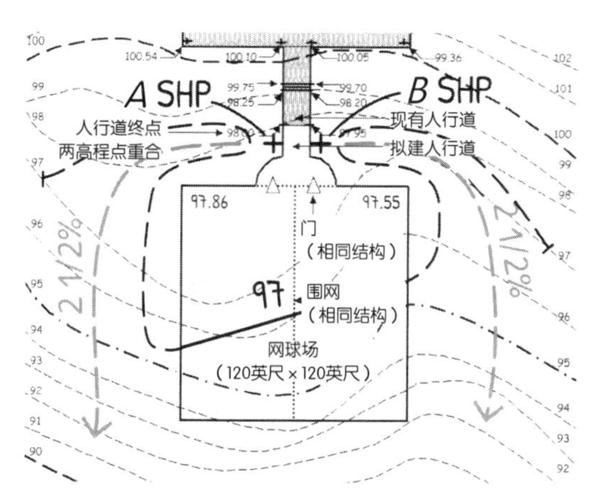

图12.18E 第五步

图片由萨迪克·阿敦克提供

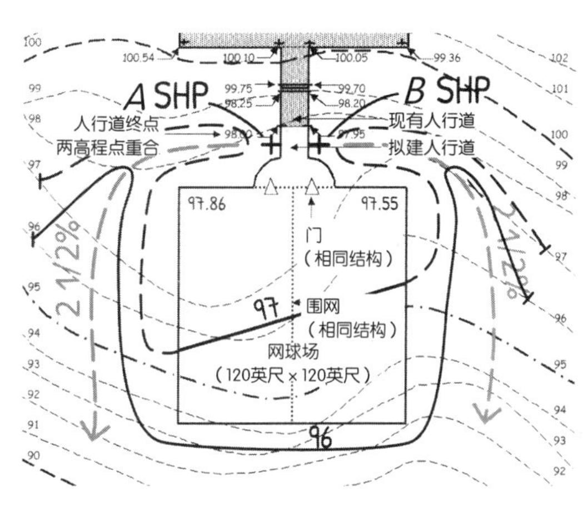

图12.18F 第六步

图片由萨迪克·阿敦克提供

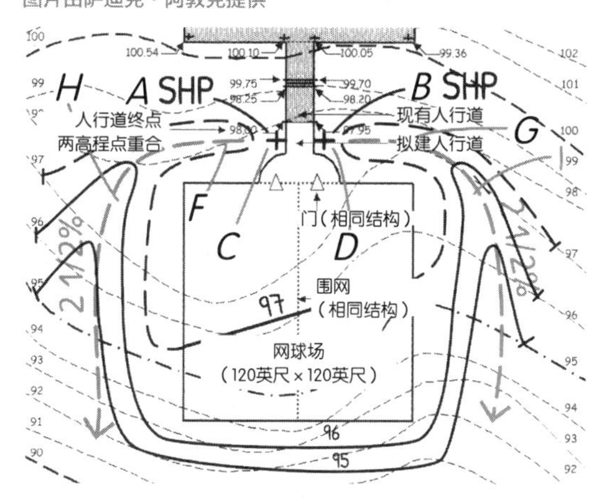

图12.18G 第七步，呈现等高线96和等高线95的位置

图片由萨迪克·阿敦克提供

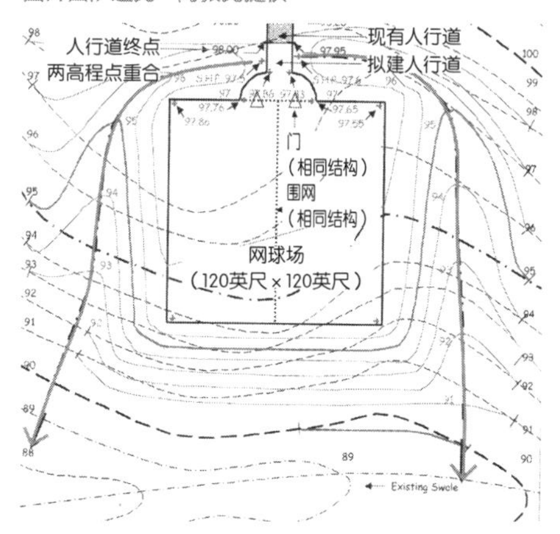

图12.18H 网球场的最终平面图和等高线

图片由萨迪克·阿敦克提供

13

第十三章
坡度、等高线和高程点的具体操作

本章内容

- 如何使用平整工具解决常见的景观平整问题
- 解决常见的景观平整问题的步骤

引言

了解了平整的基本概念，我们把注意力转向将所学的知识应用到现实中遇到的各种各样的平整问题。我们回顾一下，当平面图设计要求对项目现场的地形进行改造，以适应预期的设计元素和活动时，便会进行平整工作。例如，场地平整可能是为了创建一个稍微倾斜的宽阔区域，用于拟建建筑物、停车场或在陡峭起伏的现有地形上建立一座运动场。图13.1中的项目A和项目B是以图形的方式描绘了创建水平区域所需要进行的平整工作。图13.1中的项目C是排水沟。当拟建广场或入口和聚集地需要更详细和更精细的平整时，可从图13.1

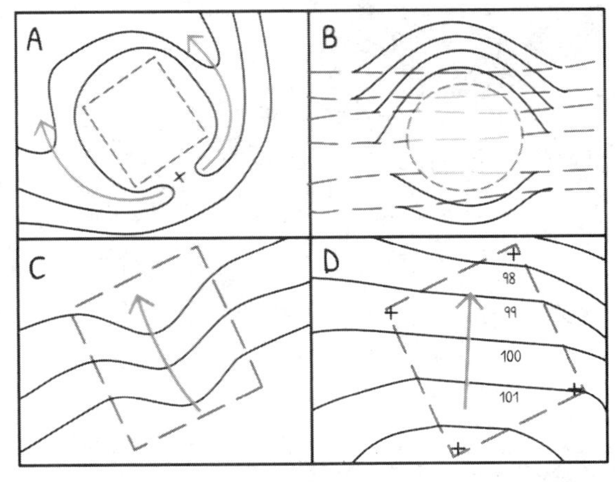

图13.1 根据场地设计特征，图中四种常见的场地平整操作可以单独使用，也可以组合使用

中的项目D中找到更多详细的高程点。当然，道路、小径和人行道都需要平整。每个设计元素都有其独特的设计指标，包括安全考虑、道路使用方式（如机动车、非机动车或自行车）、路障和速度设计。在本章中我们将讨论各种平整设计情况。注意，公式 $S=V/H$ 会在大部分的平整问题中使用。这个公式有助于创建铺设的斜坡区域或排水系统，如排水沟；为铺面或无铺面建立临界高程点及墙高（高程）；用于创建所需地形和铺面斜坡的等高线间距。

铺面的平整：人行道和坡道

如图13.2所示的铺面可以看作由混凝土和沥青构成的整块石板，它一般是水平的，有时带有小坡或中等坡度的沟和斜坡，将地表水带到铺设区域两侧并远离铺设区域。在有人行道、广场或停车场的情况下，铺面通常只有一个主斜坡，而在有通道或车道的情况下可能存在一个二级斜坡，称为横坡，引导水流向一边，水一般进入园景区或雨水处理系统中。从图13.2可以看出，主斜坡坡度为4%，地表水的流向通常沿着人行道铺面向下流动。同时，人行道上有坡度为1%的横坡，以便将水引到人行道的一侧并进入相邻的种植区。在前面章节中介绍了水流方向需垂直于等高线，但是，当有横坡的时候，水流方向就迁移到主斜坡和横坡之间了，如图13.2所示。虚线是水流方向，水流到人行道的一侧。

图13.2中人行道的坡度为4%，比一般使用率高的公共区域（如大型城市空间）更陡峭。但是在此例中，公共区域所在的现有斜坡地形连接着几处公共建筑。设计坡度为4%的斜坡是有原因的，整个公园空间已经接近这个值。1%或2%的坡度在大型城市广场中的应用更为普遍。更为常见的是，沿着人行道中线建立一个凸形横坡，人行道中心到两侧向下倾斜0.5%～1%的坡度。在城市空间中，一般采用横坡来铺设铺面的做法。

图13.2 洛杉矶格兰德公园的一段人行道斜坡的示意图，主斜坡的坡度为4%，并设计了一个横坡（B），以使地表水流入人行道左侧的种植区。等高线可帮助读者理解斜坡的特征

人行道斜坡设计的过程

本节描述的斜坡设计过程比较简单，应作为如何建立斜坡或为其他铺面和表面建立所需高程的基础。图13.3A～图13.3D所示是建立人行道的斜坡和高程点的过程。

图13.3A 第一步，坡道上三段斜坡的方向

图13.3B 第二步

第一步：图中箭头A、B和C表示三段斜坡的倾斜方向。斜坡A和斜坡C的坡度可以达到8%，而斜坡B为下坡，坡度不应大于1%，以符合轮椅的无障碍行进标准。在这个例子中，斜坡A和斜坡C的坡度范围为2% ~ 4%。

第二步：假设斜坡A的坡度为2%，设计师使用坡度计算位于斜坡和平台中心的点S_1的高程，并且平台虚线上的所有点具有相同的高程。S_2的高程与S_1的高程相同。

第三步：平台的坡度为1%。设计师可以从S_2开始计算，使用公式 $S=V/H$ 计算出S_3的高程。同样地，设计师可以用相同的公式计算S_4的高程。一旦求出了S_4的高程，就可以进行下一个斜坡坡度的计算。

第四步：假设斜坡C的坡度为4%，设计师可以计算斜坡末端的S_5的高程。为了完成这一斜坡的平整计划，设计师需要计算平台所有角的高程。在一般情况下，坡道和平台之间存在横坡。这样斜坡和平台才可以连接上，从而允许平台和斜坡平面铺设的地面顺利地融合在一起。为了实现两个平面的平稳过渡（斜坡和平台），在施工过程中和混凝土浇筑期间都需要保持一定的坡度。

图13.3C 第三步

图13.3D 第四步

自行车道和公园小径的设计过程

坡道与人行道的设计过程相似。图13.4A所示是附近城市公园的10英尺宽的混凝土自行车道或人行道。人行道设计有不同的坡度，以适应现有地形。在图13.4B中，主斜坡坡度大约为1%（项目A），横坡坡度为1%（项目B_1和项目B_2）。图13.4C中等高线相对于人行道大致方向的位置，它们以一定角度穿过人行道，该角度称为横坡坡度。人行道左侧高于右侧，使得人行道表面向右倾斜，从而产生了横向斜坡。第一步：位于10英尺宽的人行走道中心的箭头代表主斜坡。各路段可能有不同的坡度，较平缓的斜坡适应不太陡峭的地形，陡峭的斜坡适应陡峭的地形。设计师这样做可以尽量减小土方工程量，在这种情况下，人行道能适应现有地形。

图13.4A　第一步显示人行道斜坡方向

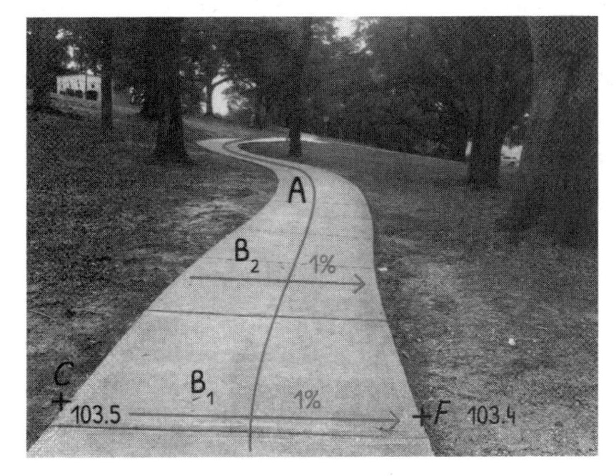

图13.4B　可用于计算斜坡和高程的信息

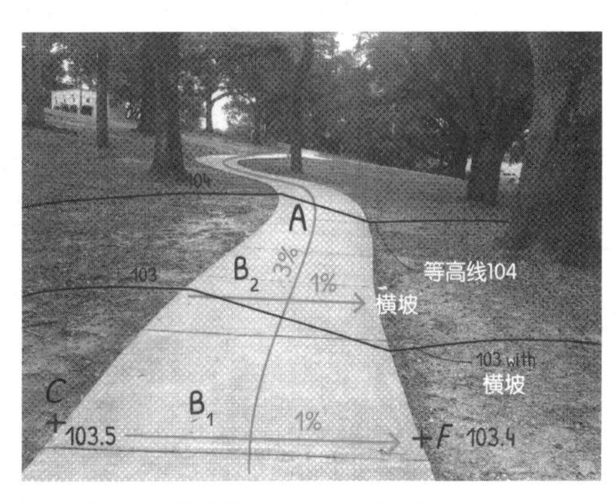

图13.4C　使用等高线和高程点的平整方案

图13.5 回转斜坡 格兰德公园 洛杉矶 加州

第二步：A是人行道的主斜坡，B_1代表横坡，点*C*的高程为103.5英尺，比点*F*的高程高了0.1英尺（见图13.4B）。

第三步：显示等高线103和等高线104的位置，以帮助人们想象景观的情况。两等高线的间距为33.3英尺，以达到3%的坡度。图13.5所示是最近竣工的位于洛杉矶市中心的格兰德公园，图中的回转斜坡用于轮椅的通行，需要符合ADA的设计标准。8%是轮椅通道设计所允许的最大坡度，斜坡的长度不能超过20英尺。如果斜坡的长度大于20英尺，斜坡应分成不大于20英尺的小段，坡道段之间留有5英尺的平台。平台应倾斜1%，以便水从斜坡流入附近的景观区中。

综合人行道、台阶和座席区

图13.6A所示是洛杉矶城市艺术博物馆的座位区和小型聚会区，它包括上部休息区和非正式舞台通往人行道的台阶。如图13.6B所示，上部铺设的休息区设计成坡度为1%的倾斜台阶。每个踏板或台阶到下一个台阶都有0.5%的坡度。台阶的尽头铺设的是人行道，该表面设计有2%或3%的坡度，水沿着对角线方向越过走道流到草坪区域和街道外。请注意，图13.6中1英尺等高线旁边补充标注了0.5英尺的等高线，人们能明显看出底部区域是坡度为1%的斜坡。箭头指向地表水流动的方向，在这种情况下，地表水垂直于等高线流动。

图13.6A 座位区和小型聚会区 洛杉矶城市艺术博物馆 汉考克公园

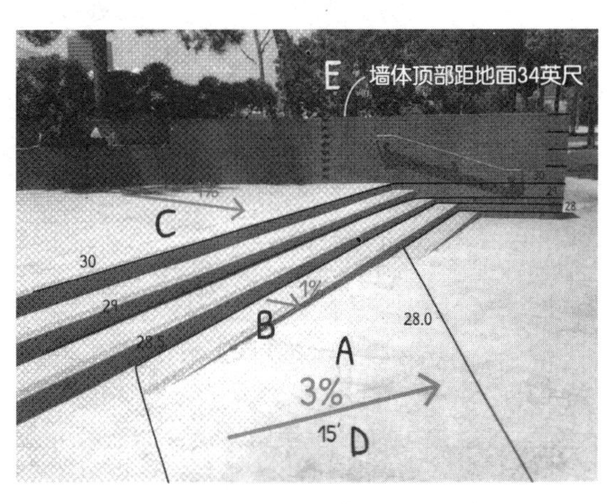

图13.6B 图片上绘制了座位区的等高线和高程点

建筑物入口铺面与台阶的平整设计

图13.7显示了如何使用等高线、高程点和坡度传达平整设计的意图。需要指出的信息如下：台阶顶部的高程（105.5′）很有可能是建筑物的室内标高（FFE）；设计师使用台阶连接建筑物和下面的铺设区域。由于这个项目是公共建筑，所以需要一个坡道，但图中没有显示坡道。台阶的底部是等高线100。台阶前面人行道的坡度为1%，是较大的铺设区域的延续。铺面也以1%的坡度倾斜，并标上了假想的等高线。在一般情况下，设计师在铺设区域中主要使用高程点，并没有标注等高线。承包商期望在铺设混凝土或使用摊铺机之前，在铺设区域中看到并使用高程点来建设。

图13.7 公共建筑的前院和通道 格兰德公园 洛杉矶市中心加州

停车场的平整设计

图13.8描述了停车场铺设区域如何排水的三种基本方法。图A中的中央车道处于较高的位置，呈凸形结构，水被引至车道边缘。水流至停车场的下角，需要在任意一个角安装雨水井，或者以管道形式将水排出。图B显示的车道形成了凹形结构，地表水从停车位边缘流至车道中心。停车场出口应设置雨水井，水可以流到停车场外的某处，进入街道雨水处理系统、排水沟或蓄水区域。图C简单地将停车场沿着一个方向倾斜，在停车场下角安装雨水井或排水通道。这三种解决方法通常用于处理停车场、大面积路面和草地上的地表水。一般来说，如何选择是基于设计师的偏好或现场设计考虑及政府法规要求的。

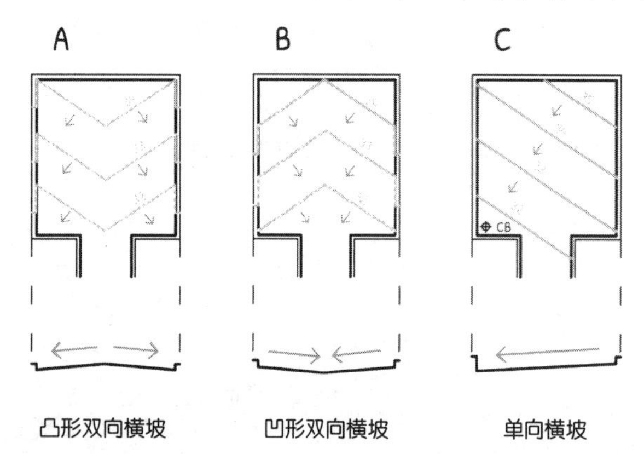

图13.8 停车场或大型铺面如何排水的三种基本方法

图13.9所示是具有凸形双向横坡的停车场。注意，等高线是弯曲的，曲线的顶部位于停车场的中心，标记为*B*。点*B*位于停车场中心凸形结构的顶部（高点），以便地表水沿着等高线的曲线横向朝停车场两侧的边缘流动。然后，水沿着路边流至停车场下端建造的雨水井或排水通道。路边绿化带

图13.9 具有凸形横坡的停车场

的雨水井安装在绿化带的高侧，或者可以使用排水通道让地表水沿路缘下坡继续流动。

下一章的主题是雨水管理，虽然使用雨水井是传统（排出去）的解决地表水的方案，但平整的当今趋势是寻找将地表水保持在地界线内的解决方案，这要通过使用蓄水池、保留池、创建生物池，以及通过选择铺路材料来实现。使用这些平整方案补充了大型场地设计建造可持续利用的地表水管理策略。为了补充地下水，减少灌溉需求，并尽量减少对昂贵的市政雨水基础设施的使用，平整解决方案要由创新的方式来保留雨水，这是我们要达到的目标。

足球场或橄榄球场的平整设计与图13.9所示的停车场类似。然而，等高线是椭圆形的，而是V形的。在如图13.10B所示的运动场的中心形成一个凸形结构，将水引至边缘，流入排水沟或一系列的雨水井。根据适用的运动场设计标准，横坡的坡度可以控制在1%～2%的范围内。

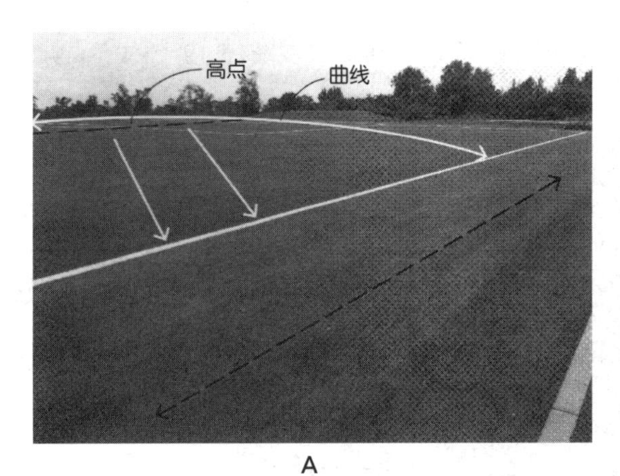

A

B

图13.10 足球场 金凯德公园 安克雷奇 阿拉斯加

图13.11显示了具有凸形结构的停车场的细节，地表水流向停车场周边的路缘，高程为-6″。点*C*表示路缘石顶部的高程，并且等高线104、等高线105和等高线106与路缘石的顶部相交，等高线继续延伸至相邻的草坪区域。注意，点*C*位于两条等高线之间距离的一半处（等高线103和等高线104的中间）。图13.11中的四条等高线的路缘石顶部和底部的高程如表13.1所示。

表13.1 路缘石顶部高程和底部高程

	路缘石顶部高程	路缘石底部高程
D 103	103.5′	103.0′
C 104	104.0′	103.5′
C 105	105.0′	104.5′
C 106	106.0′	105.5′

图13.11中添加了路缘、斜坡、高程和等高线的标注，以便平整平面图能更好地表现停车场的细节。项目A是坡度为2%的横坡。

图13.11使用等高线和高程表示了停车场的水流方向。图13.12中的等高线

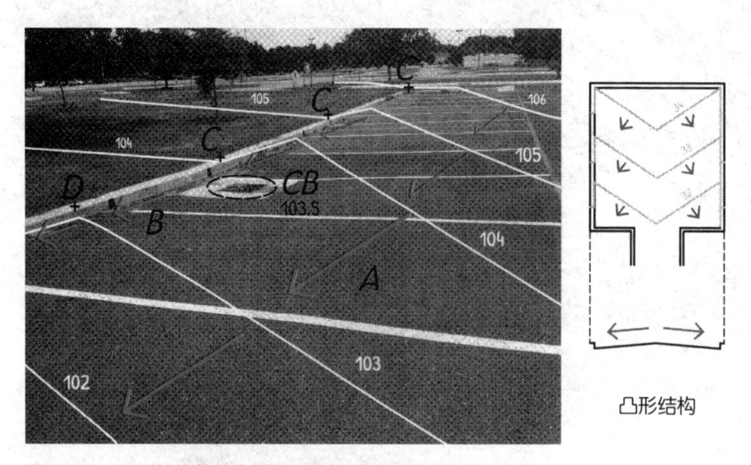

图13.11 凸形结构的停车场，右边是示意图

已经绘制出来了，表面排水坡度为1%，水流至车道中心形成了凹形结构。凹形结构的解决方案是将水汇集到车道中心，避免停车位中的积水，以便人们下车时不会踏入水坑中。如果车道采用凸形结构的解决方案，就会出现人们踏入水坑的情况。

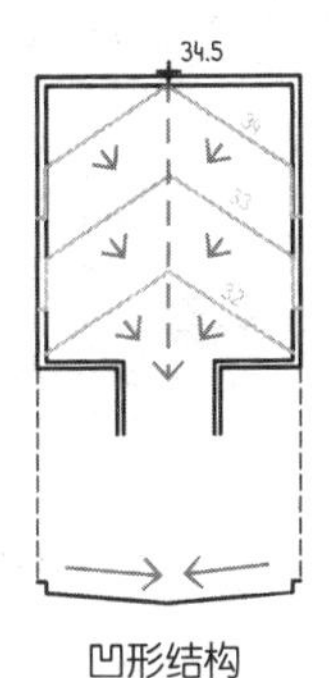

图13.12 中间形成凹形的停车场，右边是示意图

草坪区域场地的平整设计

图13.13A～图13.13C所示的草坪以前是一块未开发且排水不良的区域。为了解决排水问题，并且解决草坪后面树林的排水问题，建立了排水沟和雨水井。建造排水沟挖出的土方填在排水沟两侧形成平缓的土坡。

步骤一：草坪中心安装雨水井，排水沟将水带入雨水井。

图13.13A 步骤一

步骤二：等高线显示的地形由中央排水沟和排水沟两侧的土坡构成。箭头表示地表水流入排水沟和雨水井。雨水井的边缘高程是草坪区域海拔最低点。

步骤三：注意土坡的坡度。草坪中后部的排水管使树林中小径上的地表水流入草坪区域的排水沟。

图13.13B 步骤二

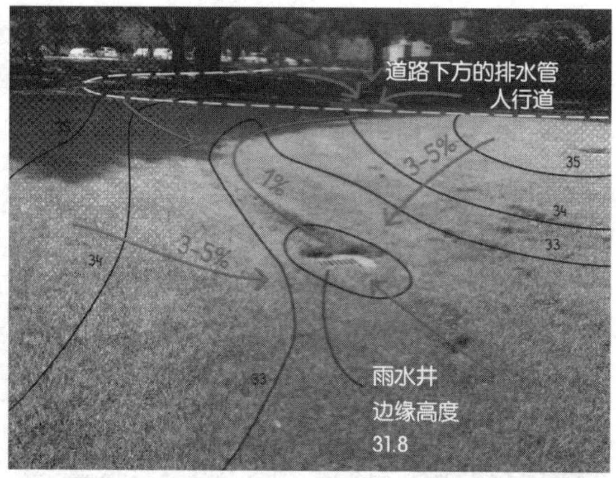

图13.13C 步骤三

草坪或景观区雕塑地貌的平整方案

图13.14A和图13.14B所示是校园景观中雕塑地貌的平整方案。图13.14A所示是校园周围沿街的草坪区。它的设计意图是吸引人们的视线和增加视觉冲击力，否则只是一个普通的水平草坪区。从图13.14B中的平面图可以看出，通过创建滚坡和平缓的洼地，实现了吸引人们的视线和增加视觉冲击力的目标。在图13.15A和图13.15B中，人行道带有1%或2%坡度的缓坡，穿过毗邻的景观，被草覆盖的缓坡装饰了景观。

缓坡不仅能吸引人们的视线，而且描绘出了人行道连接的各个空间的形状。缓坡地貌遮挡了一部分户外学习空间和走廊沿线的风景。当行人走近这些空间时，才会看到空间的全景。阳光投射阴影并提供明亮的开口，增强了景观的雕塑感，共同表现出空间感并吸引人们的视线，特别是在白天，景观中光影交错。

图13.14A 加州理工大学沿街的草坪区 帕萨迪纳 加州

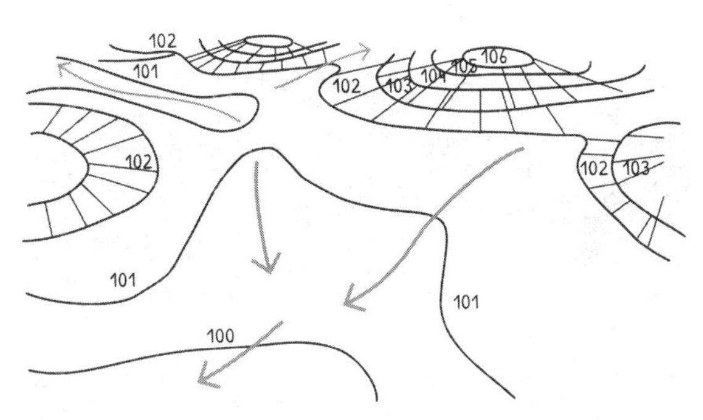

图13.14B 加州理工大学沿街的草坪区平面图 帕萨迪纳 加州

图13.15A 加州理工大学内部连接建筑物的人行道 帕萨迪纳 加州

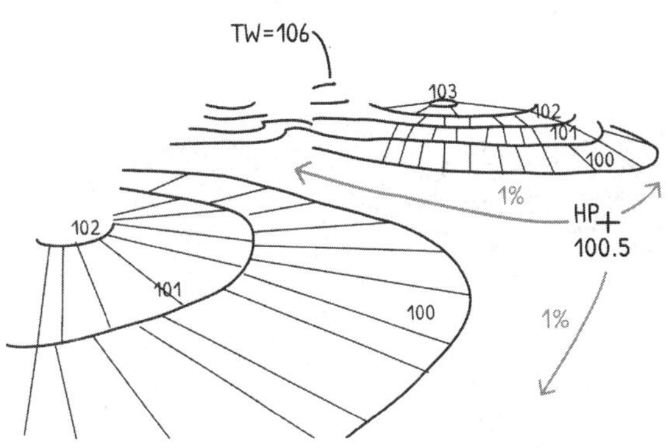

图13.15B 加州理工大学内部连接建筑物的人行道的平面图 帕萨迪纳 加州

使用高程和等高线的几个实例

图13.16A ~ 图13.16C是位于帕萨迪纳加州理工大学的一片凹陷的梯形区域。从本质上讲，这种梯形区域的设计采用的是“流域”的概念，台阶和平台形成了高地上的座位和聚集区。有些台阶，如步骤二中的项目E，围绕空间变成宽阔的平台，不同平台同时保持了6英寸的台阶。

步骤一：图13.16A用虚线画出了区域的轮廓。作为流域，其在海拔最低处收集从台阶上流下来的地表水，并进入雨水井（项目I）。

图13.16A 步骤一，用箭头指示地表水流向雨水井

步骤二：图13.16B中的项目A是聚集区的入口高程点，项目B是斜坡（项目C）底部的高程点，项目D是最高座位顶部的高程，项目E圈出了作为座位的四级台阶。每一条沿着台阶的虚线都有一个高程。

步骤三：在图13.16C中，G_1和G_2箭头代

图13.16B 步骤二

图13.16C 步骤三

表各台阶平台的斜坡方向，在这种情况下，它们的坡度为1%。项目G_{1a}和项目G_{2b}设定了每级台阶的高度。

在有铺面和人造景观的情况下，平整方案的细节图会更加强调高程，如图13.17所示。各个角落、台阶与墙的顶部和底部，以及铺面和人造景观区斜坡的变化都需要高程点。对于复杂的平整项目，如需要建造带有喷泉和墙的项目，设计师还会准备一系列技术性的剖面图来向承包商传达平整设计意图。如图13.18所示，区域中建有景观、草坪和斜坡，等高线的使用更为广泛。当有洼地和陡峭的挖方和填方边坡产生时，会标注坡度信息。如果设计师为了确保承包商理解细微或关键的地形和坡度变化的平整设计意图，还需要提供技术剖面图。

图13.17 威廉姆斯广场 达拉斯 得克萨斯

图13.18 盖蒂（Getty）博物馆 洛杉矶

某公交候车亭的施工顺序

承包商使用立桩或按照设计师施工文件包中的布局图来设置施工区域。立桩平面图是承包商确定所有设计元素位置的基础。承包商可雇佣土地测量师，按照立桩平面图确定设计要素，或者与内部雇员一起完成该项工作。立桩结束后，承包商进行了大概的平整工作，然后按照立桩平面图和平整平面图打上木桩，包括浇筑混凝土，并按照平整平面图上的高程在地面上固定好位置。承包商根据平整平面图设定木桩的高度。打桩需固定木材，以确保在浇筑混凝土时不移动或脱落。

从图13.19A ~ 图13.19J可以看出立桩和标高之后的施工顺序。从图13.19A和图13.19B可以看出街边公交候车亭的总体布局。图13.19A所示是中心区域候车亭的位置，周围用木板保护中间的铺面工程。图13.19B所示是入口坡道和人行道路缘的详图，立桩时已经设置好了路缘的标高。从图13.19C中可以看到测量使用的弦线，弦线固定在桩钉上，钉子的位置代表平整平面图中提取的点的标高。图13.19D中的线代表立桩图中拟建路缘和铺面的位置，线的高度对应平整平面图中的高程点。图13.19E和图13.19F所示是立桩完成之后和将木板固定在合适的位置等待浇筑混凝土的施工阶段。从图13.19F可以看出承包商已经

图13.19A 公交候车亭的施工区域 用木质构件固定混凝土

图13.19B 公交候车亭 用于ADA入口坡道和人行道的木质构件

购买了混凝土，施工人员也出现在了施工现场。在图13.19G中，混凝土浇筑工作到了收尾阶段。图13.19H所示是公交候车亭项目在混凝土干燥及木桩去掉之后的效果。剩下的工作包括公交候车亭的装修、景观材料的安装和清理。图13.19I和图13.19J所示是已完成的公交候车亭和候车区。

图13.19C 木质构件校正高程方法。钉子代表平面图中的标高，施工放线指导木质构件来校正高度

图13.19D 浇筑混凝土之前，水平线用来矫正高度，用于工程定位

图13.19E 混凝土浇筑前，水泥搅拌车就位

图13.19F 抹平水泥砂浆

图13.19G 混凝土施工中

图13.19H 完成混凝土摊铺后，拆除木质构件

图13.19I ADA入口坡道竣工

图13.19J 候车亭竣工

图13.20A所示是一张专业的平整平面图，注意景观中等高线的使用和人造景观中高程点的使用。原有的等高线用虚线表示，修改后的等高线用实线表示。平整平面图指导承包商的建设工作。施工文件包包括各种剖面图。承包商在实际工作中，进行土方移动，还需要土地调查员提供网格图的横截面。木桩沿网格线放在地面上，按照平整平面图标上高程。木桩测量员的立桩通常放在网格线的交叉点和关键位置，如建筑角或临界标高。设计师希望能控制这些地

方的景观或铺设路面的标高，并需要标明墙面或其他设计元素的高度。高程是直接标注在木桩上的，它由土地调查员提供或直接从平整平面图中提取。

下一章将介绍各种雨水处理的方法。

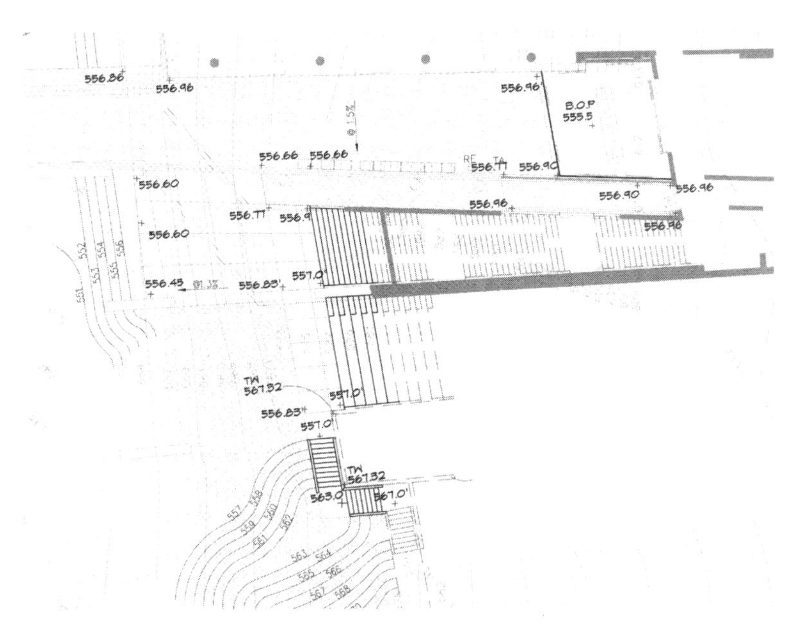

图13.20　平整平面图：塔兰特民政学院区 东三一校园 沃思堡 得克萨斯

14

第十四章　雨水和地表排水管理

本章内容

- 雨水管理的多种选择
- 雨水管理如何服务于多种用途

引言

地球表面大约70%都由水覆盖，其中96%是含盐水，存在于海洋中。剩余4%的淡水以湖泊、河流、冰川、冰地及湿地等形式存在于陆地上。大气中的水以水蒸气的形式存在，是水循环系统的一个组成部分。在这个系统中，水蒸气凝结成雨水或雪的形式，落到大地上，分散于地球表面。有些水渗入地下，有些水流入河流。渗入地下的水浸润

图14.1　街边场景在城市运河中的倒影 代尔夫特 荷兰

了土壤，被植物吸收或迁移到地表以下，补给地下含水层。作为径流，地表水供应河流、湖泊和其他水体。而渗入土壤的地表水将从土壤或水体中蒸发成水蒸气，升到大气中恢复自然水循环。

水对生命来说至关重要，为维持生命和自然过程提供了许多有效成分。没有水，地球上就不会有生命。但是在某些情况下，不需要过多的水，特别是当水以暴雨和地表径流的形式出现时。流向地面的雨水会给人类生活和工作的地方带来巨大的破坏，而过量的地表水会给建筑场所带来洪灾和破坏。地表流动的水会侵蚀和破坏墙体结构，造成结构损坏。场地平整的目标之一是，管理和引导雨水和流动的地表水，以消除或尽量减少不受人为控制的水带来的破坏及灾难。在一般情况下，最好能够收集并储存雨水，而不是排放。雨水可用于灌溉及一些可持续性的水管理实践。

如果仔细看图14.2的右边，我们会看到落叶堆放的位置是排水沟。几小时前还在下雨，雨水将落叶带到排水沟，落叶刚好位于排水沟中积水的位置。落叶堆积的厚度也是积水的高度，虽然这块区域的面积不大，但却足够抵御水流的速度和冲力，这种速度和冲力能把落叶带进排水沟。

图14.2 落叶上的水印见证了傍晚的降雨，雨水填满了草坪的排水沟

雨水管理是景观平整的重要目标之一，修改地形除了适应各种项目元素，还能将地表水从不需要的地方引到项目现场的其他位置。雨水管理可以采用多种形式和多种系统。

图14.3A和图14.3B中的场景说明排水

出现了问题。图14.3A中的残疾人专用停车位存在积水，使得车位暂时无法使用。这种情况是可以避免的。在这种情况下，场地平整的解决办法是改变停车场的坡度，使地表水远离路缘，流向种植区或车道。另一种解决办法是，如果现有地形没办法改造使得地表水流向另一个地方，那么就要在有积水的地方安装一个雨水井。图14.3B中的积水可能由如下几种原因造成。

1. 平整方案不够完善，形成了洼地，暴雨后雨水聚集。

2. 地面下陷。

3. 左边的路面可能重新修建过，形成了一个“坝块”，妨碍了停车场的排水。

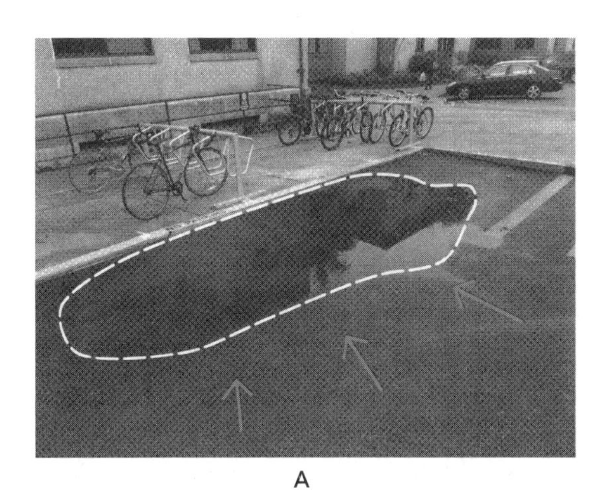

A

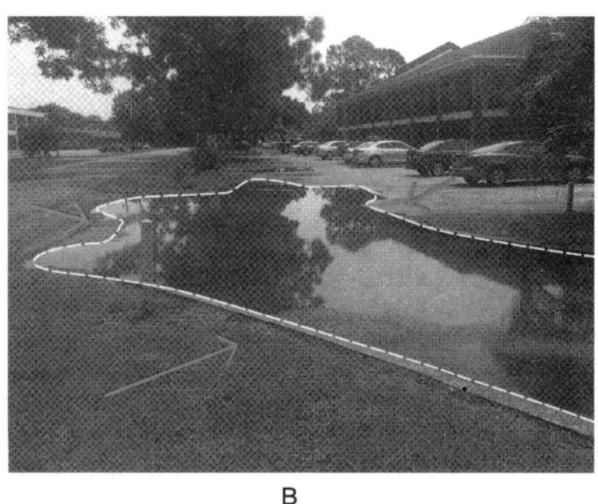

B

图14.3 排水问题：残疾人专用停车位（A）和公寓停车场（B）

几乎每种平整方案都设计有几种处理雨水的替代方案。哪种是最好的解决方案取决于项目预算、政府要求、设计考虑，以及功能活动和用途。

雨水穿过地表形成集中快速流动的水流或地表水流过陡峭的斜坡，都会造成土壤腐蚀。图14.4所示是雨水沿着停车场的路缘溢出来，流向陡峭的、维护

图14.4 停车场附近坡面的土壤被侵蚀

不良的斜坡造成的结果。随着时间的推移，因为没有草丛保护和锁住土壤，斜坡暴露在外面，土壤侵蚀会变得越来越严重。

以下例子会介绍处理地表水的不同方法，这些实例代表了各种收集、储存和运输雨水的方法。在某些情况下，水是就地储存的。在其他例子中，水被收集起来，然后通过地下管道或河道运到市政雨水处理系统。当今世界，可持续设计和最佳水管理实践正在稳步成为规范。场地平整设计包含了一系列策略，如现场用水养护、池塘或水花园蓄水，以及储存后使用，如灌溉。其他场地设计策略可直接减缓地表水的流速，方便被土壤吸收和补给地下含水层。

传统的地表水处理方法

场地平整可以通过多种方法进行，从艺术形式到解决实际问题都有不同的方法。场地设计是一个集艺术和实际需求于一体的计划，巴黎的索镇公园就是这样的作品。在图14.5中，对原有地形进行艺术加工、雕刻和重塑，使其变成一个宽阔的阶梯公园，带给人视觉上的愉悦感。凡尔赛宫的设计师安德雷·勒诺特注重创新，强调用创造性的方法去操控景观，建造宏伟的景致和大气磅礴的景观，巧妙地处理地面，使地表水从阶梯草坪两侧排出。设计师不仅完成了一个美丽的场景的建造，而且解决了地表水的排水问题，没有影响阶梯草坪到树排结构的平稳过渡。通过等高线平整，实现了地形的微小起伏及排水的有效处理。

场地平整常用的策略是将景观中的建筑物或结构的地板放在高处，与景观、人行道、广场和车道形成一定的坡度，使地表水流走并远离建筑物。图14.6很好地运用了这种方法。建筑物周围的地面和铺砌区域设置在地面以下的斜坡处，地面和铺砌区域存在一定的坡度，水流便会远离建筑物入口和建筑物。建筑物附近的铺砌区域和地面的坡度较缓，远离建筑物的斜坡相对较陡。

图14.5 索镇公园 安德雷·勒诺特设计 法国巴黎

图14.6 建筑物在高地上，周围铺面斜坡向下，使得地表水远离建筑物 盖蒂博物馆 西木区 加州

等高线平整

使水远离建筑物的最简单、最直接的方法之一是，抬高建筑物和周围区域，形成一个斜面，将地表水排到一个专门设计的用来接收多余水的区域。图14.7中的斜坡就是这样做的。在这个例子中，地表水被引到一个

图14.7 建筑物旁边用于排水的简易斜坡

延伸的种植区上，它接收水，并使之渗入土壤。任何多余的水可沿着下坡流向茂密的森林覆盖区或景观林中。

图14.8A中的地表水流向草坪的两侧。草坪两侧已安装了雨水井及地下雨水收集系统。仔细看图14.8B，我们会看到道路中间有折痕，它代表路拱顶部。

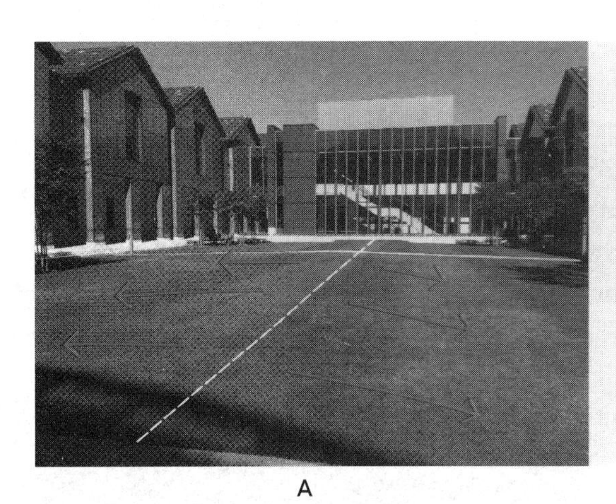

A

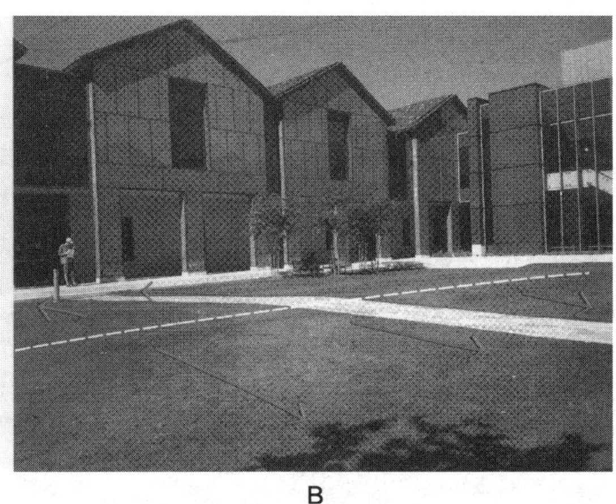

B

图14.8 宽阔的草坪经平整后，中间的凸形结构可使水流向道路两侧

图14.9所示的斜坡属于梯田形式，在径流到达足球场之前会被这些梯田吸收。斜坡将种植一些能够保持水土的灌木和乔木，这些植被会减缓斜坡上水的流速，使土壤吸收大部分的水分。图14.9右边起伏的山坡用于分流地表水，将部分地表水从不同方向的排水沟排走，以减少雨水集中流向梯田。起伏的地形能够吸引人们的视线，否则将是一片广阔的草地面对相邻的街道。

图14.9 将地表水流向场地其他位置的地形

图14.10A和图14.10B所示是同一条人行道的不同部分。两种情形中的设计都是把人们从坡上的人行道带到坡下的停车场。设计师必须对该区域进行平整，以确保雨水远离相邻建筑物，同时对人行道进行平整，通过人行道上的横坡排水。

图14.10A 由透水性地砖铺设的倾斜人行道，允许一部分水进入地下

图14.10B 同一条人行道的上坡使用的是混凝土浇筑表面。这条人行道的两段都是按照现有的地形条件铺设的

图14.11A和图14.11B所示的这两个例子除了采用等高线平整实现一个高程到另一个高程的转换，还使用了台阶和平台来提供从上到下的过渡。虽然台阶和平台允许水从上部区域移动到较低的区域，但每一级台阶和平台都进行了平整或倾斜设计，以使水排出，防止产生积水和泥浆，使人滑倒或造成其他危险。在一般情况下，台阶设计成0.05%或1%的坡度，而斜坡的平台景观可以根据不同的项目铺设表面材料或种植。在图14.11B中使用粗糙和不规则的石头铺成台阶，台阶的坡度为1%，在加利福尼亚南部和美国西南地区的低降雨区域方便水渗透补给含水层。在多雨的气候条件下，以及在美国太平洋西北或东北等强降雪地区，台阶的坡度可以稍大，1.5%的坡度可能更合适。

A. 台阶

B. 平台和台阶

图14.11 两种连接上部区域和较低的区域的设计方案

雨水处理设计方案

雨水井

在通过排水沟和简单的地形修改无法解决排水问题的情况下，通常使用雨水井收集地表水。雨水井设置在区域海拔最低处，便于地表水流入雨水井。雨水井可以安装在狭窄的空间（如建筑物旁边的种植区）内，也可以安装在宽阔的铺层（如广场或停车场）或草坪区内。在场地平整中，宽阔延伸的区域会尽可能以网格模式排列雨水井，而不仅仅是安装一个雨水井。使用单一的雨水井连接到雨水处理系统的成本会更高。当使用多个雨水井时，费用可以分散。

图14.12所示的停车场初看可能是平坦的，而实际上，路面被分成多个倾斜的平面。倾斜的路面在停车场中间形成山脊状的凸形结构，将雨水引到路边，流向路边的雨水井。

图14.13A ~ 图14.13D所示是采用雨水井的实例。如图14.13D所示，每个实例中的区域都被平整为流域，或者平整为一系列倾斜的铺面，倾斜的铺面将地表水带入雨水井系统中。如图14.13A和图14.13B所示，水流经铺设面，流入雨

水井。因为重力作用，水通过管道流向场地其他区域或市政雨水处理系统。图14.13C中安装的雨水井可以收集停车场中来自四面八方的雨水。停车场铺设面存在斜坡，将地表水引向路边，然后沿着路边流入雨水井。

图14.12 注意图中路边的雨水井。其目的是收集停车场的地表水

以前，最为常见的是使用雨水井收集现场雨水，然后通过管道将水输送到市政雨水处理系统。雨水井入口是市政雨水基础设施的一部分，将其安装在街道上，以收集来自街道或邻近建筑的径流，如图14.14所示。在农村地区，以及在较密集的住宅区、街道或道路旁边由排水沟接收并带走地表径流，如图14.15所示。在图14.15中，没有路缘和排水沟，因此没有必要留有雨水进水口，可用沿街排水沟替代管道排水系统，通常这种做法比地下市政雨水处理系统成本更低。假设设计师和客户想要考虑柔和、视觉上不突兀的解决方案，排水沟是美学方案的首选。

图14.13A 人们可以看到建造倾斜的铺面是如何有效收集地表水并将水带入雨水井的

图14.13B 图中的箭头表示地表水的流向，地表水穿过停车场铺面

图14.13C 图中标为A的雨水井收集来自四面八方的雨水

图14.13D 校园的路面已被细分为多个小流域。每个流域的最低海拔和中心都设有一个雨水井

图14.14 街道旁边的雨水井入口

图14.15 砖砌的排水沟将水引入雨水井

图14.16A和图14.16B所示是收集和处理地表水的其他解决方案。在铺设面，如水泥表面、车行道或停车场中，处理雨水的标准方法是弯曲平面，将水带到中央低点处的雨水井。当涉及宽阔的路面时，表面坡度可以比较缓和，安

装一系列均匀间隔的雨水井。当铺砌区内没有太多的高程变化时，这种集水系统是一种很好的解决方案。设计师能够使地面保持一种水平砖面的视觉效果，同时建造足够的坡度，以引导水流到中央雨水井中。图14.16A所示的排水系统是一种变体，校园人行道中间的条状排水沟又被称为“法式排水沟”。人行道设计成倾斜平面，将水排到中央排水沟。排水沟本身是倾斜的，底部的水通过地下管道收集和分配给校园雨水基础设施。图14.16B所示是法式排水沟的变种应用，雨水井位于中央，用于收集地表水。

A. 法式排水沟

B. 法式排水沟和雨水井的结合

图14.16 雨水井的替代方案

建造师在进行校园建设时可能没有预料到，下了一早上的大雨后就发生了积水（见图14.17A）。这种情况的发生很可能是原有平整方案做得足够充分，但多年后发生了地面沉降，形成低洼地区，产生了积水。

这种积水可能不会带来任何问题，因为几天之后水就干了，草坪仍可以使用。当然，也有几种方案可以解决此周期性积水问题，如安装一个雨水井（见图14.17B），但造价可能比较昂贵。另一种解决方案是，升高表层土壤，

图14.17A 发生地面沉降后造成海拔低处积水

图14.17B 在建筑物和人行道之间的海拔低处安装雨水井

使水流向更理想的位置。然而最有可能的是，什么纠正都不做，因为造价高昂，而且这种暂时的困扰并不会给大学生带来很多麻烦。在多数情况下，通过改变地形无法将水排到其他地方。在这种情况下，安装一个或多个雨水井可以确保雨水分散到其他地方，以减少建筑物周围的积水或不必要的地表水滞留。图14.18所示是草坪区的雨水井。横截面图显示了带有地下管道的雨水井的基本组成部分，告诉我们它是如何将水带到现场的其他地方或雨水处理系统的。

图14.18 草坪区的雨水井

图14.19A和图14.19B显示了景观草坪上的雨水井是如何收集雨水的，设计师用排水沟装饰草坪。图14.19A显示了雨水沿着排水沟流向雨水井，并且不穿过人行道。图14.19B显示了在巨大的草坪上雨水沿着排水沟从两侧流向中央低处的雨水井。收集到

的地表水可以被转移到雨水处理系统，或者转移到邻近地区，如滞洪池或吸收雨水的花园。

A

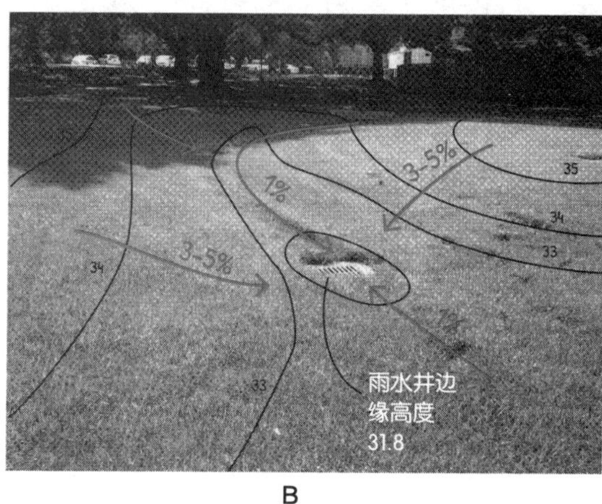

B

图14.19 显示了景观草坪上的雨水井是如何收集雨水的

沟渠和排水沟

图14.20A和图14.20B显示了现有校园道路旁边新建的停车场安装的沟渠。设计师本来可以选择在路边安装入水口来处理雨水，却选择了通过沟渠将水排到附近的雨水井中。如图14.20A和图14.20B所示的沟渠通常被用来将某个铺设面（如停车场）的水引到一个的铺设面。最终，雨水流向雨水井，或者被带到花园和种植区，水被地面土壤吸收或留在景观蓄水区内。

A

B

图14.20 混凝土沟渠将停车场的地表水带到附近的道路上

路边排水渠

如图14.21所示的沟渠用于附近道路和周围坡地景观区的排水。注意，沟渠底部的涵洞可使地表水继续流向车道入口下面的排水渠。

由于重力作用，地表水沿着草坪排水渠流向车道入口下面的涵洞。草坪能减缓水流流速，使土壤吸收部分水分。草坪还能保护排水渠免受侵蚀，特别是在水流流速大的时候，大量的水可能造成水土流失。草坪或其他植被还有挡住污物的作用，避免堵塞涵洞，造成水回流，甚至水泛滥。

图14.21 校园道路旁边的排水渠，没有采用路缘或排水沟

含水层补给

如今，人们强调“环境可持续”的景观设计，应用和依赖传统雨水处理的基础设施，如市政雨水处理系统被纳入现场水回收

和水资源保护策略。平整方案越来越普遍地利用土壤区吸收水分，以补充地下含水层或将雨水储存在蓄水池中备用，如现场灌溉。现场蓄水的方法包括创建雨水花园和蓄水池，或者建设尽可能小的斜坡促使地表水渗入土壤，并使用多透水孔铺路面，如碎石、石板，甚至是多孔混凝土和沥青路面。图14.22中宽阔水平或稍微倾斜的路面铺上了压实的碎石，这种设计方法不仅具有美感，还有助于补给该区域的地下含水层。

图14.22 宽阔的路面铺上了压实的碎石 荷兰 海牙

如图14.23A和图14.23B所示，片状混凝土铺设在沙地上，表面光滑，适于行人和自行车或父母推着婴儿车使用。雨水可以渗透到铺砌层下面的底土，也可以流向邻近的植物景观区域。无孔铺设面经常会出现水坑，而多孔或片状铺设面则不会出现水坑。图14.23A所示是片状混凝土铺设的人行道和街道，图14.23B中的人行道表面铺设的是片状花岗岩。图14.23C所示是人员密集、高度城市化的购物环境，设计师选择混凝土结合压实的碎石铺设路面。水既可以渗透到路面下面的土壤，又可以给旁边的树木提供水分。

为了让地表径流渗入土壤，而不是直接通过市政雨水处理系统将其处理掉，施工中越来越普遍地采用多孔混凝土。在图14.24所示的使用多孔混凝土的例子中，新的人行道距离老橡树的根部很近，因此使用了多孔混凝土，它对树木的表层根系影响很小，同时也保留了水分，避免铺设面的侵蚀威胁树木的健康。

图14.23A 荷兰代尔夫特某小区的人行道铺设片状混凝土

图14.23B 荷兰代尔夫特城市人行道用沙做垫层，上面铺设片状花岗岩

图14.23C 荷兰阿尔梅勒一处新购物中心区混合使用片状混凝土和压实的碎石铺设路面

图14.24 路易斯安那州立大学中的多孔混凝土和普通混凝土铺设面

蓄水池

在辖区中如果要求将雨水储存起来，而不是通过雨水处理系统流向其他地方，现场可以因地制宜，采用蓄水池来实现这个目的。蓄水池可设计成如图14.25A和图14.25B所示的样子，它可以存储一定量的水，额外的存水能力根

据假设的暴雨事件来确定。图14.25A中运河状的蓄水池上游区域的设计服务于被动休闲活动，或者在某些情况下，也可用于主动休闲活动。图14.25B的上游斜坡种植了树木，以保持土壤和服务于被动休闲活动，如野餐或野外运动的场地。图14.25A的上游斜坡为野生动物提供了栖息和自然研究的场所。图14.25B所示区域为附近的住宅区提供了宝贵的观赏和休闲场所。

图14.25A 蓄水池的上坡种植了本土植物 荷兰沃霍夫某住宅小区

图14.25B 位于荷兰沃霍夫某个更密集的住宅区的蓄水池

图14.26中的蓄水池和周围草坡的设计给周围社区提供了各种各样的主动或被动的休闲活动场所。沙滩可用来晒日光浴或涉水。蓄水池周围的陡峭斜坡增加了观赏性，同时能在暴雨时提供额外的蓄水能力。图14.26所示为荷兰鹿特丹的南方公园蓄水池斜坡上的草坪，这无疑给这个人口高度密集的混合文化居住区提供了类似公园的作用。图14.27A

图14.26 南方公园的蓄水池 鹿特丹 荷兰

和图14.27B中蓄水池的边缘处理支持生物多样性，适合野生动物栖息，同时改善了水质量。在这两个例子中，狭窄的通道形成了水道沿线两个相邻住宅区的视觉缓冲区。即使在人口密集的住宅区，人们也可以享受在林荫道上行走的乐趣，尽可能地避免了邻近小镇和办公区的视觉冲击。

图14.27A 运河旁边的绿道 沃霍夫 荷兰

图14.27B 狭窄的运河边坡上种植了种类多样的植物，用于过滤河水及巩固道路和停车场旁边陡峭的边坡 沃霍夫 荷兰

图14.28A和图14.28B中的例子呈现了两处排水渠与蓄水系统景观和斜坡的处理设计。图14.28A中的排水渠A区域铺筑混凝土，主要是光滑硬实的表面，水流可快速流进运河，减少维护成本。区域B上游区域铺设草坪，作为非正式娱乐用途。草坪虽然很容易养护，但不能提供生物多样性。图14.28B中的排水渠周围植物繁茂多样，不仅具备了雨水运输功能，而且还有公园的部分功能，让人倍感惬意。在图14.28B中，运河的水面常年保持在一定的高度，而图14.28A中的运河在低降雨量时期会干涸。

图14.28A 排水渠提供了宝贵的公园和绿道功能 什里夫波特 路易斯安那

图14.28B 蓄水渠和绿道 沃霍夫 荷兰

蓄水沟

蓄水池或蓄水沟可以储存水，以供使用，也可以作为场地设计风格。图14.29A、图14.29B和图14.30所示是两个公园中各式各样的蓄水沟，暴雨天气时可起到滞留雨水的作用。两者都可以容纳大量的水，以最小的坡度来减缓水的流速，让水渗透到土壤中，最终变干。变干之后可以用于非正式的公园娱乐用途。图14.29A中的岩石小径在少雨时期可以当作沼泽地的小路，连接高处的人行道。如果建造一个更狭窄且更深的排水沟，虽然它具有类似的泄洪能力，但是却无法提供娱乐休闲功能，而且把公园分成两个部分会造成物理和视觉上的障碍。狭窄且深的

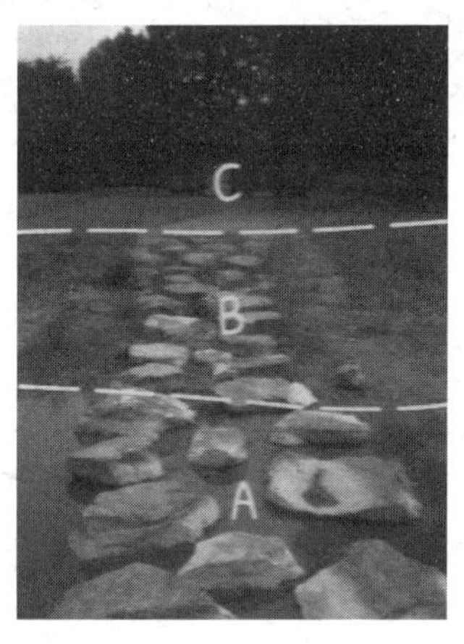

图14.29A 鹿特丹南方公园的岩石小径横穿蓄水沼泽地

图14.29B 鹿特丹南方公园的岩石小径横穿蓄水沼泽地，并连接沥青路面

排水沟上方还需要建造一座桥，其实这是造价更高的方案。在空间不够的情况下，可以考虑建造狭长的排水沟。图14.30采用的就是桥梁和排水沟的解决方案。图14.31采用的是在狭窄且深的排水沟（B）上方设计桥梁（A）的解决方案，以适应狭小的空间。本例中的桥梁在视觉上与整体环境不太协调，但具有简单的功能上的优势。

图14.30 曼萨纳雷斯公园 马德里 设计师是West8景观规划设计集团

图14.31 排水沟上方建立人行桥梁 代尔夫特 荷兰

如图14.32A和图14.32B所示的广阔的城市花园还有一项重要的作用，即蓄水。花园主要种植季节性花卉、草本植物和蔬菜。图14.32中的蓄水池给密集城市增添了庭院水景。整个区域实际上是一个大的水池或容器，在暴雨期间能容纳大量的水。最后，水被土壤被吸收或蒸发。蓄水池所储存的水用来灌溉邻近的植物。图14.32B中的项目A就是图14.32A中的项目A，标注为B的区域种植了各式各样的植物，包括多年生木本植物和草本植物，不仅能带来了视觉上的吸引力，还可以在下暴雨时锁住蓄水池中溢出来的水。

A　　　　B

图14.32　荷兰阿默斯福特一处用于蓄水和灌溉城市花园的例子，图中项目A是蓄水池项目B是花园和植被区

图14.33中，密集的城市商业区建设了一条旱溪。当没有积水时，干燥的河床可以提供各种创意性的功能，如作为滑板公园和由政府或商业公司主办的项目活动场地。

图14.33　一条旱溪 阿尔默勒 荷兰

雨水花园及相应的蓄水或吸收策略

雨水花园是一种收集和滞留地表径流的设计策略。在如图14.34A所示的例子中，小区的街道和人行道带有坡度，地表水会流向中央种植区。在某些情况下，雨水花园本身设计有坡度，如同排水沟那样，雨水向下流向大容量的蓄水区。如图14.34B所示的法式排水沟（图中项目B）用于将多余的水从高处的街道带到低处的雨水花园（项目A）。图14.35所示是类似于图14.34A和图14.34B的生态蓄水池或雨水花园的剖面图。

如图14.36A和图14.36B所示的种植区虽然没有设计成雨水花园，但它位于

A　　B

图14.34　荷兰某处雨水花园用于管理附近街道的雨水

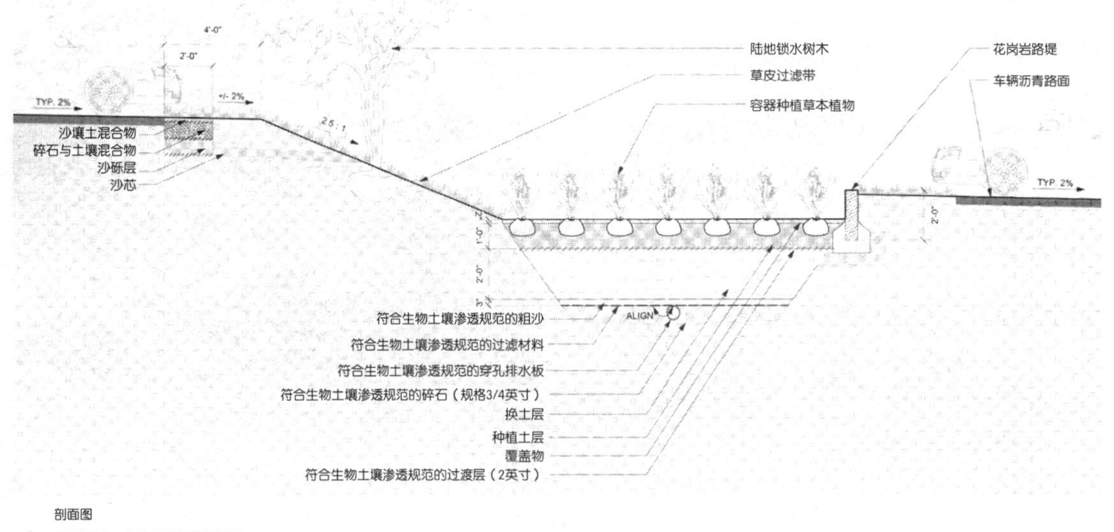

图14.35　生物滞留设施剖面图

图片来自里德·希尔德布兰德景观事务所

人行道和邻近小区街道的中间，用于收集地表水和促进土壤吸收水分。今后可增设灌木林和植树造林，现有植被区域可能会形成蓄水池，提高泄洪能力。图14.36B中标注A、B、C的三处展示了车道和人行道上三种不同的多孔铺设

A

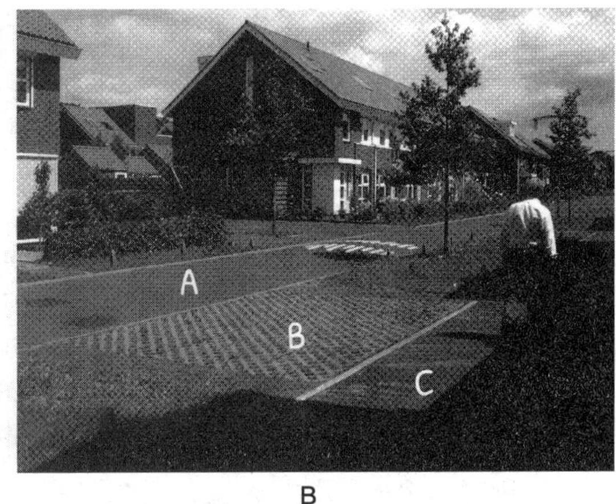

B

图14.36 荷兰德尔夫特郊外一处住宅区，A、C处沙基上铺设混凝土砖，B处草地上铺设混凝土砖，水流可以渗透到地下土壤中

面。A处和C处沙基上铺设片状混凝土砖。B处的混凝土中留有空隙，可以种植小草。图14.36A中A处和B处使用了同种块状铺设单元，分别用于道路和道路入口的位置。C处的草坪区可以锁住街道上的径流，促进水分渗入土壤。

图14.37中的例子可能是一个巧妙的设计，也可能是场地设计考虑不周或维护不力的结果。有时设计师考虑采用比较含蓄的雨水处理方案，该方案的设计师选择了一条凸形结构的砾石路，以便将地表水直接引到相邻的草地或种植床上。图14.7中的积水可能是地面沉降或步行和交通长期腐蚀的结果。不管是哪种情况，凸形结构都能让人们在下雨的时候轻松行走。

结合可持续的雨水管理策略的城市规划

图14.38所示是荷兰中部一个新镇的规划模型，这个新镇的发展规划纳入了各种雨水管理策略。规划图的中间是一条蜿蜒的绿荫道，它的设计是在暴雨期间保持最大的泄洪能力及接收整个雨水处理系统（发展规划部分）中多余的

地表水。该模型的功能全面，可以管理雨水，整合多样化的渠道系统、蓄水池和排水沟、雨水花园和其他泄洪的系统，以及适应各种需要。

图14.37　荷兰 海牙

图14.38　荷兰一个新镇的规划模型

15

第十五章 采用等高线法计算土方量

本章内容

- 在平整方案中如何确定需要进行挖填的区域
- 在缩放后的平整方案中，以平方英寸为单位如何计算需要挖填的土方量
- 平方英尺和立方码的差异，以及这两者是如何确定挖填土方量的

挖填是土方移动的过程

场地的地形并非都适合项目的建设。在大多数情况下，需要对场地的部分地形进行修改，以适应场地设计中的用途和活动需要。这意味着设计师需要将土壤从场地的某些地方转移到其他地方，以便创建适合设计元素的地形。为了实现在场地平整方案中详述的地形修改，在某些情况下，某块区域被拆除（切割）的岩石可能被用到其他地方，作为可使用的额外材料。有时候，项目现场多余的土壤材料被弃置在场地外；有时候，可能需要从场地外运输土壤到需要补充的区域。处理和采购材料都会增加项目预算。在场地周围移

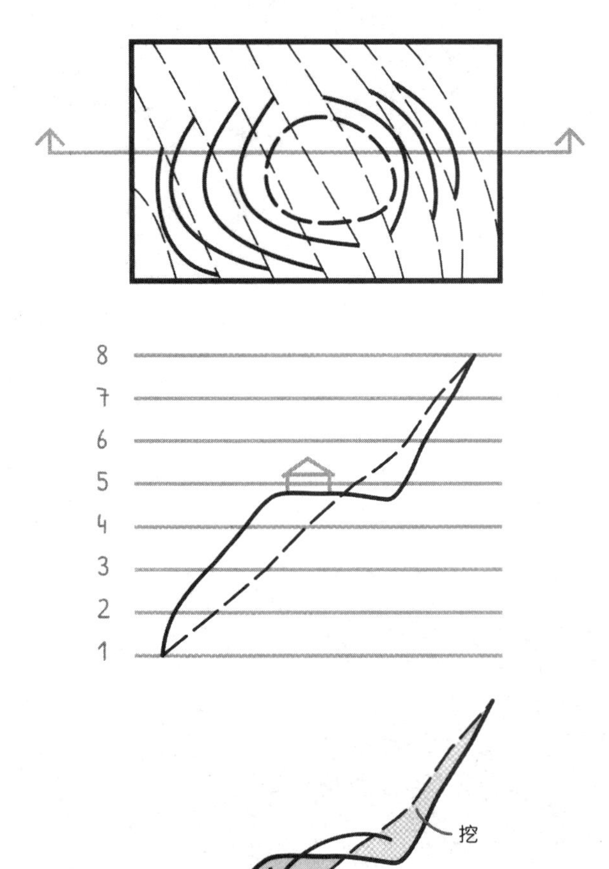

图15.1 斜坡剖面显示挖填区域。虚线表示现有斜坡，实线表示拟建的地形或改造后的斜坡剖面

动和转换土壤的过程涉及挖填。为了创建一个缓坡区域，切割山坡的一部分，把切割下来的材料放置在另一个区域是一种常见的做法，目的是在可行的情况下平衡切割和填充，以最大限度地减少运走或增购材料的成本。图15.1可以帮助人们直观地理解在一个区域内切割一个斜坡，然后将土壤移动到另一个区域的概念。通过挖填构建的水平区域用来建造一个构筑物，如房子、野餐休息区或运动场。图15.2A和图15.2B展示了如何改变场地中的等高线。注意，图15.2A所示是调整上坡方向的等高线，表示需要切割。虚线表示现有的等高线，实线表示设计师在平面图相同位置上标注的新的等高线，下面的等高线移动到上坡，如等高线104已经覆盖了等高线105和等高线106。相反，调整下坡方向的等高线如图15.2B所示，表示需要填充。在图15.2B中，海拔较高的等高线移动后覆盖在海拔较低的等高线上。例如，等高线106重新定位后，填补了（或提高了）旧的等高线105和等高线104。

图15.2A 等高线101至107已经全部上调，因此要挖坡

图15.2B 等高线101至107已经全部下调，因此要填坡

土方量计算方法的介绍

在平整方案中，承包商所需要做的工作（在技术规范和合同文件中称为土方工程）的预算占建设预算的很大一部分。例如，建造一个足球场或其他运动场，如高尔夫球场，土方工程预算是建设预算的主要组成部分。为了估算土方工程的成本，需要进行若干计算以确定平整方案中所需的土方量。由于计算的精度和所花费的时间不同，有几种常用的计算切割和填充土方量的方法。大多数设计师使用AutoCAD、Land CAD和其他计算机应用软件准备平整方案。大多数应用软件都有土方计算功能，只要熟练使用软件，土工工程的土方量是很容易计算的。在本章中，我们用一种图解方法来估算土方量。只要经常练习，估算的准确性和速度就会提高。

在计算土方量的过程中，有一个因素往往会导致我们高估或低估这些数量，这个因素和缩小、膨胀有关。在项目场地上，原状土通常是密集的，已经存在了数百年、数千年，甚至更长时间，经历了长时间的阳光照射和季节性的雨水浇灌，使土壤变得紧实。人们只要拿起铲子挖一个洞，就可以知道现有的土壤是很难挖掘的。某些土壤成分比其他土壤更密集，因而挖掘更困难。挖了一个洞之后，把已经铲出来的土壤重新填到洞里，我们会发现洞填满以后，还有多余的土壤。这时候用铲子把土压平，我们会发现大部分的土壤还可以填回洞里，但是经常会留下10%的土方量，洞里没有更多的空间容纳这些土壤。在场地上进行土方工程时也出现了同样的情况。设计师发现即使在仔细计算之后，承包商完成大部分土方工程后也一定会剩余一些土壤。在计算平整方案的土方量过程中，实际土方工程可能出现10%～25%的土方量剩余。沙子和沙土的移动可能导致10%的剩余；普通土壤的移动可能导致25%的剩余；岩石的移动可能导致65%～70%的剩余。也就是说，在平整方案中岩石的移动会产生165%的土方量，除非把它碾成细料。

平整平面图中的虚线代表现有的等高线，实线代表拟建的等高线，从原始等高线位置向下移动的实线表示填充，如图15.2A和图15.2B所示。注意，上方的等高线往下移了，并绘制在现有等高线之上，创建填充区域。如果拟建等高线移动到更高的海拔，则表示这些等高线被切割。在现有的和拟建的等高线之间产生的区域就是被测量的区域，然后计算作为填充或切割的土方量。图15.3所示是在65.5标高处创建一个水平架。等高线67、等高线68和等高线69已经向上移动，创建切割或移除区域。这些材料可以用来填充下方等高线66、等高线65、等高线64、等高线63和等高线62。

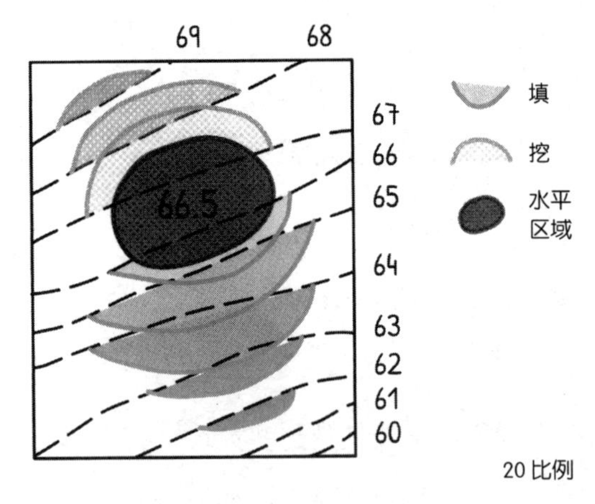

图15.3 创建水平架的平整平面图

用等高线法估算挖填土方量

图15.4显示了从原始位置移动等高线时如何创建填充区域。这个填充区域的材料可能来自场地另一处需要切割或削减的位置，可以将该材料放置在图15.4中的阴影区域。等高线55、等高线60、等高线65已向下重新定位，产生了三个阴影区域，需要从场地内或用卡车从场地外运输材料进行填充。通过测量填充区域的体积来确定所需的土方量。假设等高线的间距是5英尺（相邻两条等高线之间的距离为5英尺），则用等高线之间的面积乘以5英尺，就可以计算出所需填充材料的体积。计算填充量的步骤如下。

图15.4 虚线表示现有的等高线，实线表示拟建的等高线。阴影区域（A、B、C）表示需要填充材料

1. 测量每条等高线创建的阴影区域。由于平整方案是按指定的比例绘制的，测量的阴影面积将以平方英寸计算。如果平整方案的比例为20，那么1平方英寸等于400平方英尺。1平方英寸的面积相当于每条边为

20英尺的正方形的面积。如果比例是50，则每平方英寸等于50英尺×50英尺的面积或2500平方英尺。

2. 为了计算比例为20的平整方案中阴影区域的体积，应测量由每条等高线创建的阴影区域所代表的面积。假设我们测量了等高线55处的阴影面积（测量数据来自平面图，而不是图片），如图15.4所示。假设阴影面积为12平方英寸，则当比例为20的图中的平面图面积为12平方英寸时，原图的面积为

$$20\times20\times12=4800\text{（平方英尺）}$$

3. 为了计算土方的体积，应该用等高线间隔乘以阴影区域的面积，在本例中等高线的间隔是5英尺，即

$$4800\times5=24\ 000\text{（立方英尺）}$$

土方和土壤的标准测量单位是立方码，土方和土壤以立方码的价格买卖。

4. 为了计算土方的体积，需要考虑以下几点。

图15.5所示是1立方码，它是测量土壤体积的标准测量单位。1立方码由3个定点排，即1立方码=$A\times B\times C=3\times3\times3=27$（立方英尺）。用步骤2所得出的立方英尺数除以27，即可得出立方码数。

5. 将土方体积的单位换算成立方码：将24 000立方英尺除以27，得到的体积单位为立方码，即

$$24\ 000\text{立方英尺}/27=889\text{立方码。}$$

6. 接下来的步骤是继续计算图15.4中的等高线60和等高线65的填充量，总量加起来，算出平整方案中所需填充的总量。然后应用相同的方法计算每条等高线的切割量。

正确算出等高线55所需的填充材料的数量，将889立方码划分为15立方码（满载的自卸卡车可以容纳的材料数量）。

889 CY/15=59.3满载自卸卡车

平整方案中较高的等高线将重叠在它们下面的等高线上，如图15.6所示，等高线55延伸到现有的等高线54之外。在某些例子中，等高线能扩展覆盖三、四条等高线，甚至更多，因为需要对现有地形进行更大的修改，必须提供适当的地形来适应特定的项目设计。如果在陡峭的山坡上修建网球场，就需要对斜坡进行相当大的修改或平整。

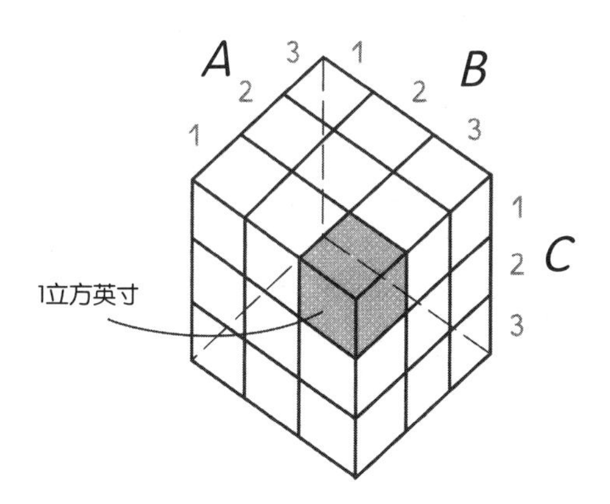

图15.5　土方量以立方码计算。1立方码等于27立方英尺

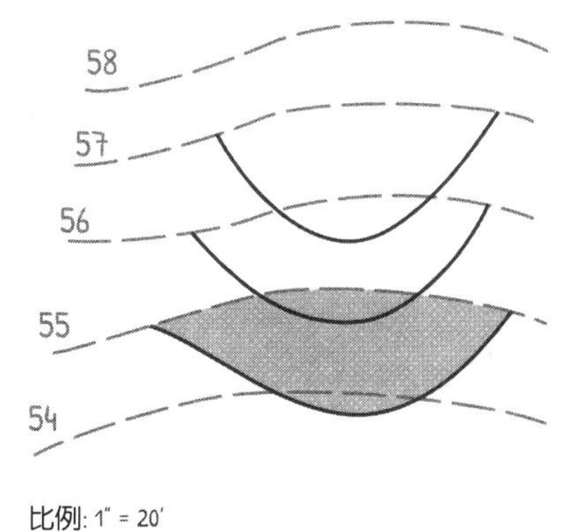

图15.6　重叠的等高线表示填方。等高线下移表示需要填充，上移表示需要切割

计算图15.6中等高线55的填充量的步骤如下。

1. 注意平整方案中的比例为20。
2. 测量阴影区域的面积。使用比例为20的工程师比例尺，测量等高线55重叠等高线54所产生的阴影区域的面积：1.5平方英寸。

3. 计算阴影区域的实际面积。

平整方案上的阴影区域的面积（我们估计为1.5平方英寸）×20×20=400×1.5=600（平方英尺）。

4. 计算土方量。

先找出平整方案中的等高线间隔。在此例中，等高线间隔是1英尺。

600平方英尺×1英尺=600立方英尺

5. 将土方量的单位换算成立方码。

600立方英尺/27=22.2立方码

6. 计算剩余等高线的土方量。

建议整理所计算出来的土方量。整理的方法可以采用如表15.1所示的表格。

表15.1 挖填表格示例

等高线	挖（平方英寸）	挖（平方英尺）	挖（立方英尺）	挖（立方码）	填（平方英寸）	填（平方英尺）	填（立方英尺）	填（立方码）
54								
55								
56								
57								
58								
59								
60								
汇总								

土方量估算的其他方法

估算土方量的方法还有很多，包括网格法和平均断面法。网格法可用于估算水池、池塘和建筑物的开挖量。平均断面法是计算道路土方量和线性特征的常用方法，该方法根据地形的复杂性，在10英尺、25英尺、50英尺或100英尺的区间设置一系列横截面。感兴趣的学生可以调查各种计算挖填量的方法，并比较它们的结果。在实际工作中，大多数专业机构都使用计算机应用软件进行计算。当没有计算机或需要验证的时候，采用等高线法估算挖填量是非常快速、简便的方法。

16

第十六章
专业的场地平整设计实例

引言

到目前为止，我们重点强调的是概念、理论和场地平整原则的应用。本章有必要让学生看到专业景观设计师的作品，既启发学生，又让其进一步了解景观平整的设计潜力。图16.1 ~ 图16.4展示了一系列场地平整项目（场地平整是景观设计的重要组成部分），显然，这些建筑作品并不是从天上掉下来的，而是涉及许多专业学科的漫长的协作过程。这些工作紧接第三章所提到的工作或步骤，包括场地平整方案、技术细节和技术规范。

本章选择了一些景观设计项目的获奖作品，目的是为学生提供一系列代表此行业设计质量和细节的场地平整图。

除非另有说明，下列项目的所有图片均获得了公司的许可。

图16.1 加州旧金山的斯特恩·格罗夫露天剧场

图16.2 亚利桑那州凤凰城的某处公园

图16.3 加州旧金山的皮克斯校园

图16.4 加州旧金山的李维斯广场

罗伊斯顿·哈纳莫托·阿里和阿比联合（Royston Hanamoto Alley & Abey，RHAA）公司

加州　旧金山　密尔谷

项目：埃尔多拉多海滩　南太浩湖　加州

埃尔多拉多海滩项目是南太浩湖城市休闲中心一期项目，主要坐落在南太浩湖，这个项目的目的是连接市区和湖畔。作为主要顾问，以RHAA公司为首的多学科和多部门的团队与社区合作，工程期为一年，设计了一个综合了各种设计目标和重新诠释了当地民间建筑风格与娱乐和社区聚会为一体的特殊空间。最终的设计组成有石阶、广场、海滩和多用途船屋，如图16.5～图16.9所示。该项目获得了LEED认证金奖和2013ASLA优秀奖。

图16.5　项目位置图
图片来自RHAA公司

图16.6　湖边台阶的风景
图片来自RHAA公司

图16.7 湖边台阶的坡道
图片来自RHAA公司

图16.8 台阶
图片来自RHAA公司

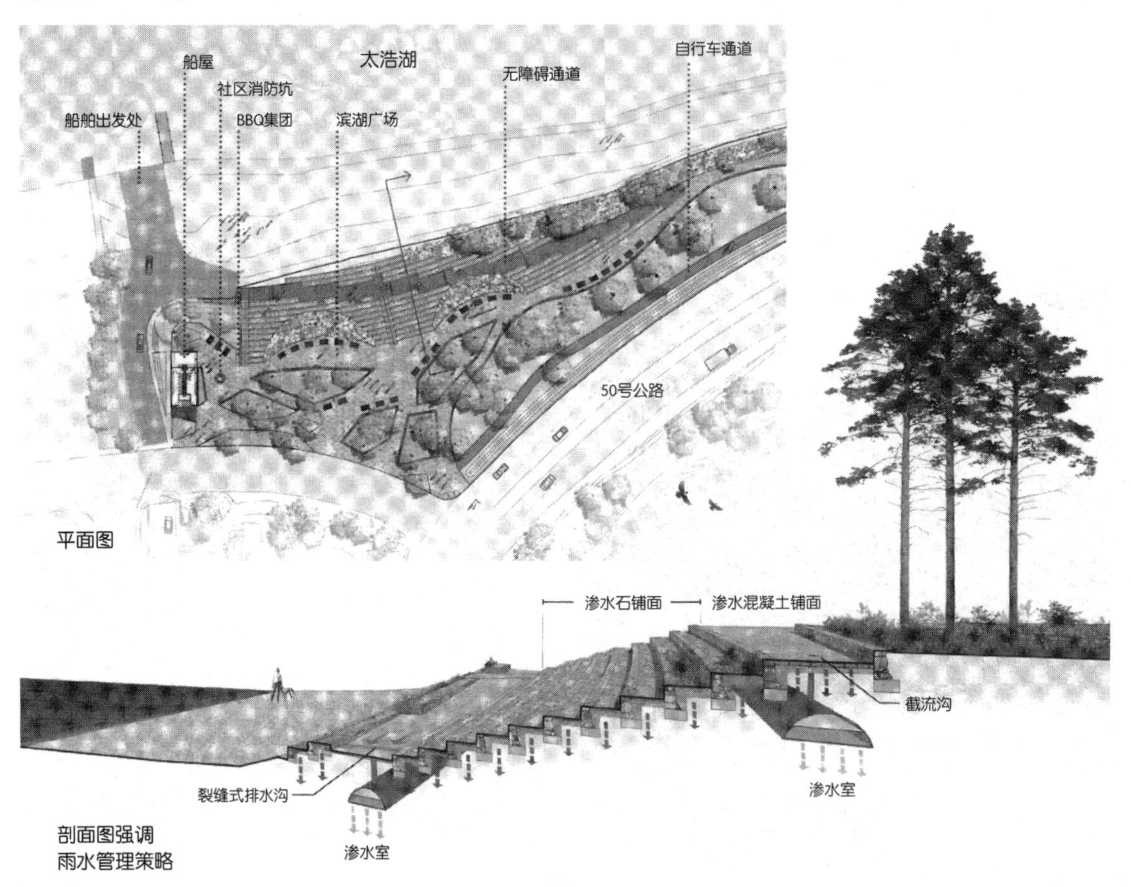

图16.9 平面图与剖面图的设计
图片来自RHAA公司

里德·希尔德布兰德景观设计事务所

剑桥　马萨诸塞州

项目：石山中心　斯特林和弗朗辛·克拉克艺术中心　威廉斯顿　马萨诸塞州

里德·希尔德布兰德设计团队同著名建筑师安藤忠雄联合设计了校园博物馆的总体规划，它完善了学院的林地环境，扩展了服务于民众和学术研究的设施，重组了陈列馆，以便游客体验艺术，如图16.10～图16.14所示。景观设计的主要包括如下内容。

- 引领游客到达校园的新车道入口，突显百合池塘周边的景色。
- 新增两英里步行小径，方便游客参观石山中心的草地、林地和季节性河流。
- 小径地标带有说明性的文字，解释地理特征和保护措施。
- 种植本土物种，包括超过350种类型的树木。
- 倒影池临近新景点、展览和会议中心。
- 景观停车场可停放340辆汽车。
- 综合雨水处理系统，可以减少50%饮用水的使用，观赏的静水池还是自我维持的水库，可收集雨水，用于管道和灌溉循环再利用。屋顶的雨水收集系统每年可收集约120 000加仑水，以供再利用。项目设计包括人工湿地、雨水花园、草坪，能在雨水流进现有水体之前锁住、吸收、温和地处理雨水。

图16.10 鸟瞰项目全址

图片来自里德·希尔德布兰德景观设计事务所

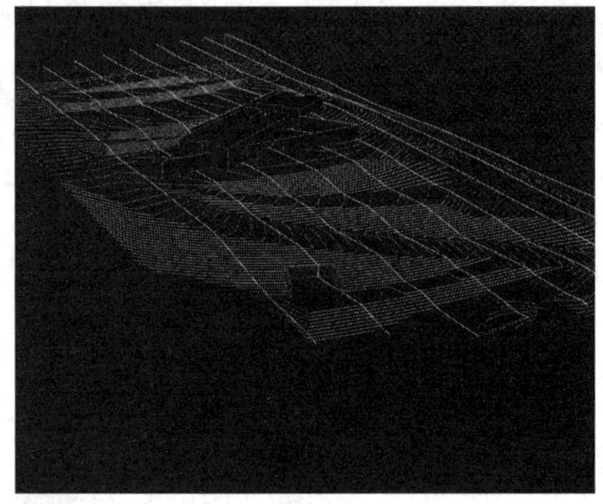

图16.11 场地平整计算机制图

图片来自里德·希尔德布兰德景观设计事务所

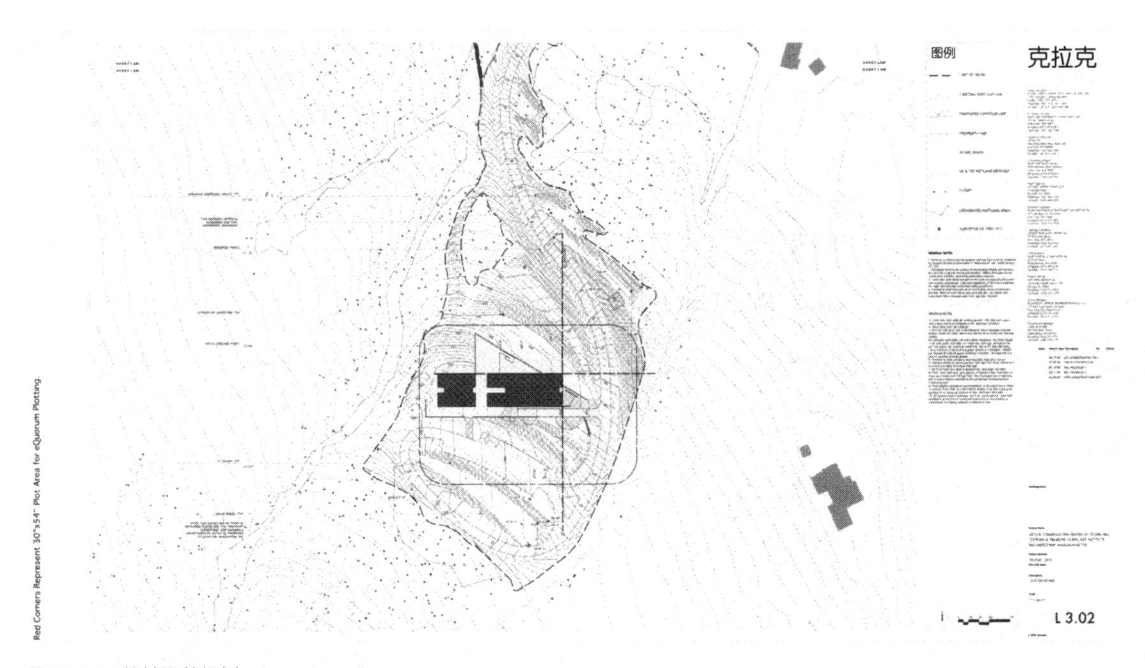

图16.12 场地平整规划

图片来自里德·希尔德布兰德景观设计事务所

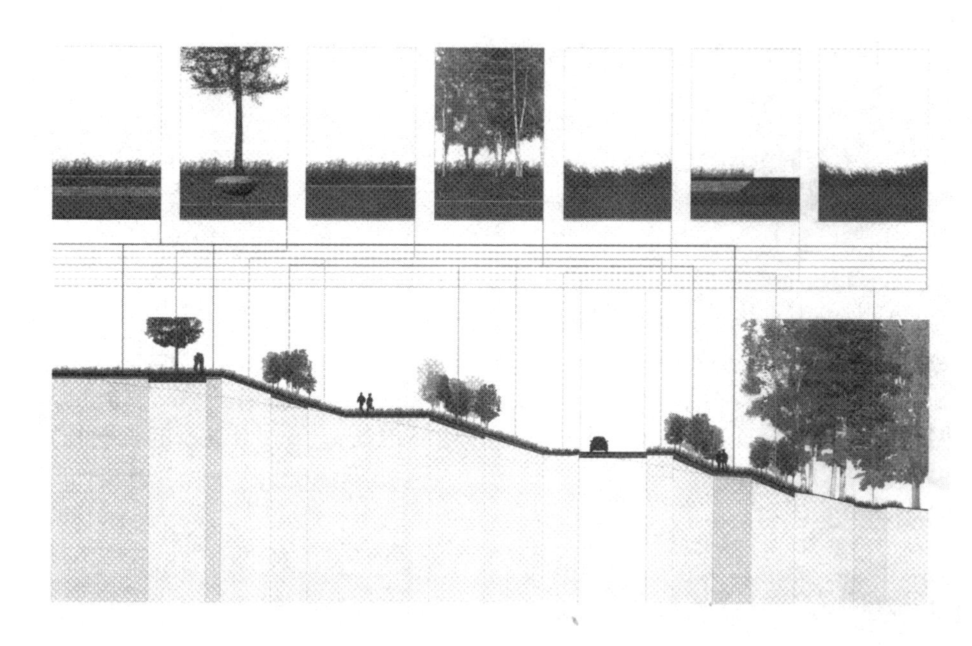

图16.13 场地平整剖面图部分示例

图片来自里德・希尔德布兰德景观设计事务所

图16.14 场地平整示例

图片来自里德・希尔德布兰德景观设计事务所

项目：汉密尔顿学院艺术与戏剧中心

汉密尔顿学院位于纽约克林顿市，这所学院长期以来被一条马路分为两个校区。这个项目建立了新的艺术与戏剧中心，构建了两个校区之间的桥梁。新的艺术与戏剧中心由三座楼、一条通路网和一条延伸水道组成。一系列草坪覆盖的坡道蜿蜒在倾斜的场地上，将建筑物与室外露台和广阔的景观相连。建造了三个池塘以管理雨水，并为林地溪流廊道提供新的生气，如图16.15～图16.20所示。

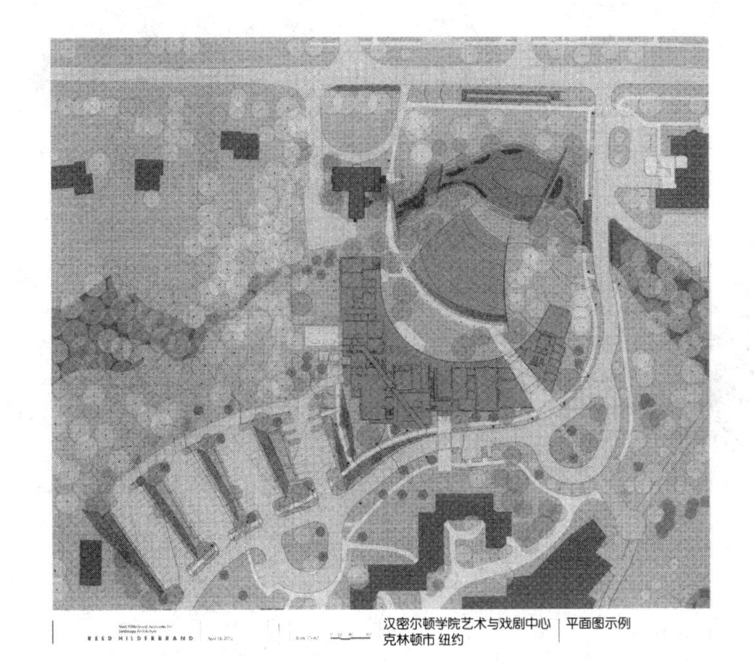

图16.15 总规划图示例

图片来自里德·希尔德布兰德景观设计事务所

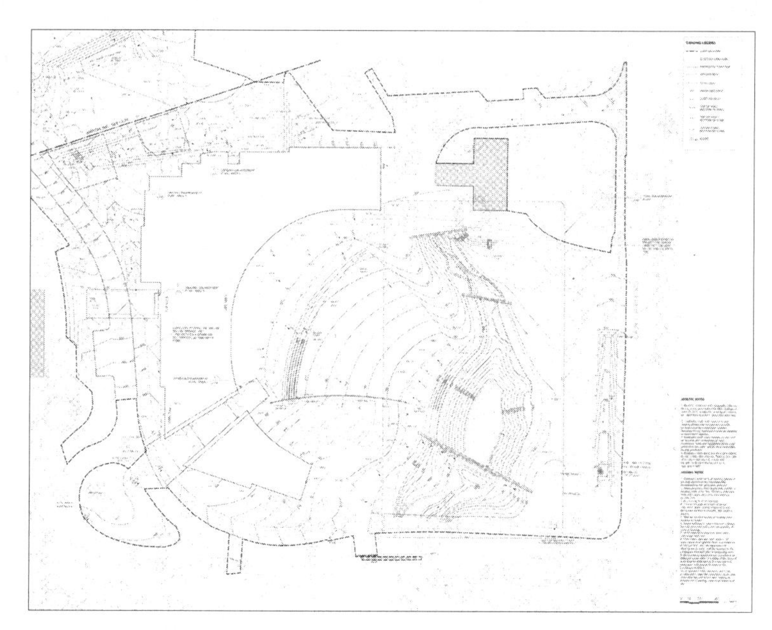

图16.16 建筑区平整方案

图片来自里德·希尔德布兰德景观设计事务所

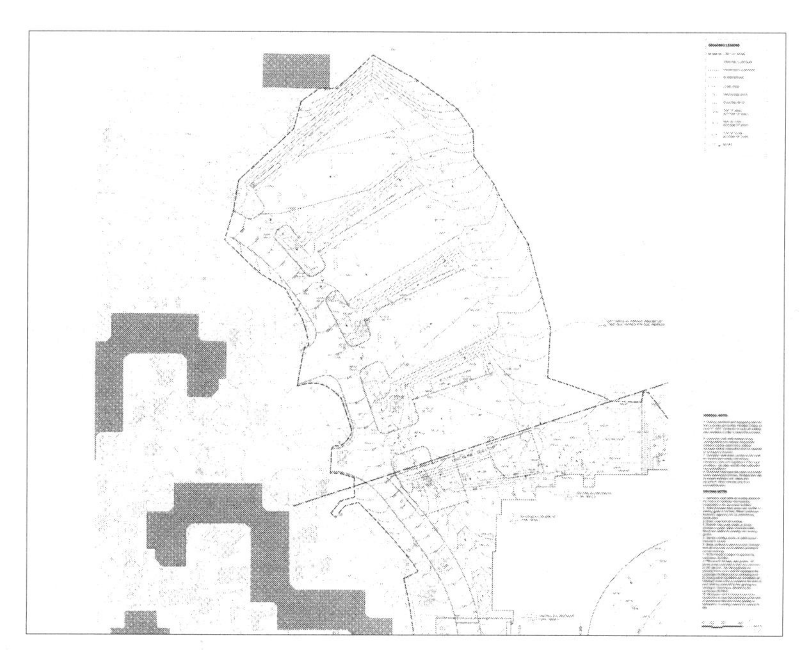

图16.17 停车站平整方案

图片来自里德·希尔德布兰德景观设计事务所

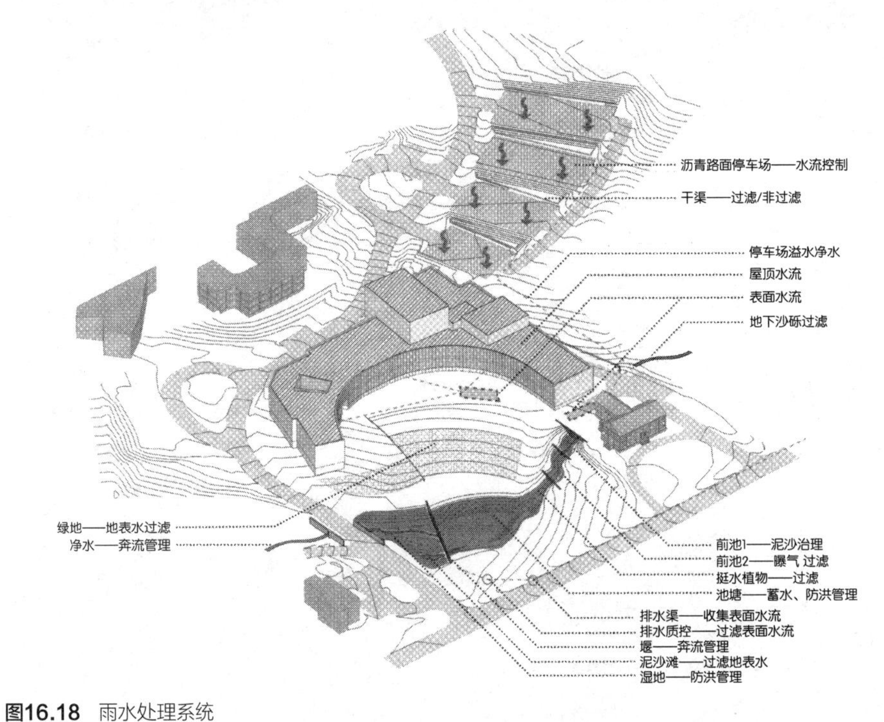

图16.18 雨水处理系统

图片里德·希尔德布兰德景观设计事务所

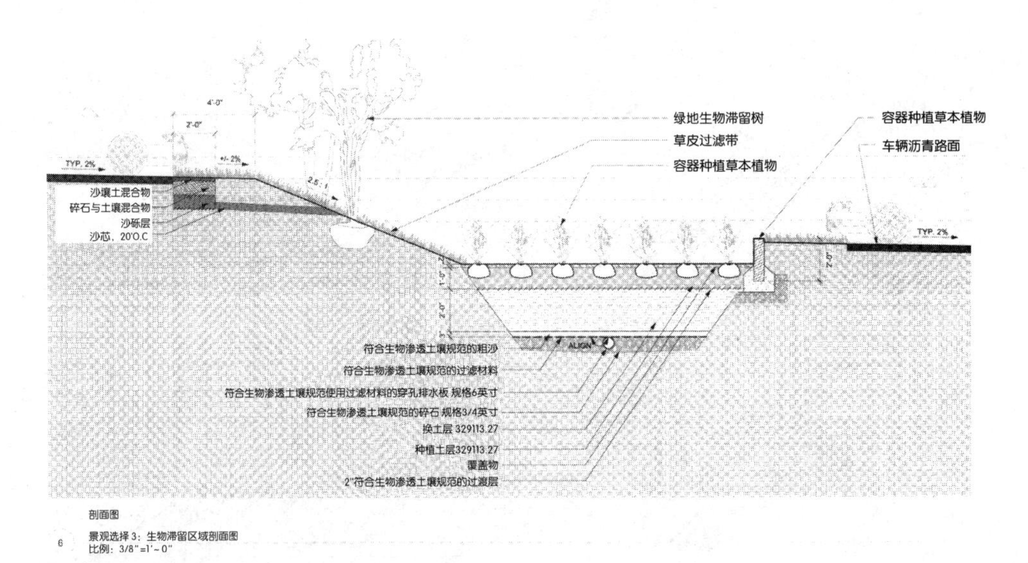

图16.19 生物滞留设施剖面图

图片里德·希尔德布兰德景观设计事务所

图16.20A 剧院场址全景图片
图片来自里德·希尔德布兰德景观设计事务所

图16.20B 冬日剧院场址全景图片
图片来自里德·希尔德布兰德景观设计事务所

MVVA（迈克尔·范·瓦肯伯格）景观设计事务所

纽约

项目：纽约泪珠公园

泪珠公园位于曼哈顿下城，面积仅为1.8英亩。它的设计超越了有限的面积、阴凉的环境和嵌段的位置。通过大胆的地形设计策略，营造出了错综复杂的空间和葱郁的植被。泪珠公园的设计和建筑与周围四栋高层住宅建筑浑然一体，每栋住宅建筑的高度为210～235英尺不等，如图16.21～图16.26所示。

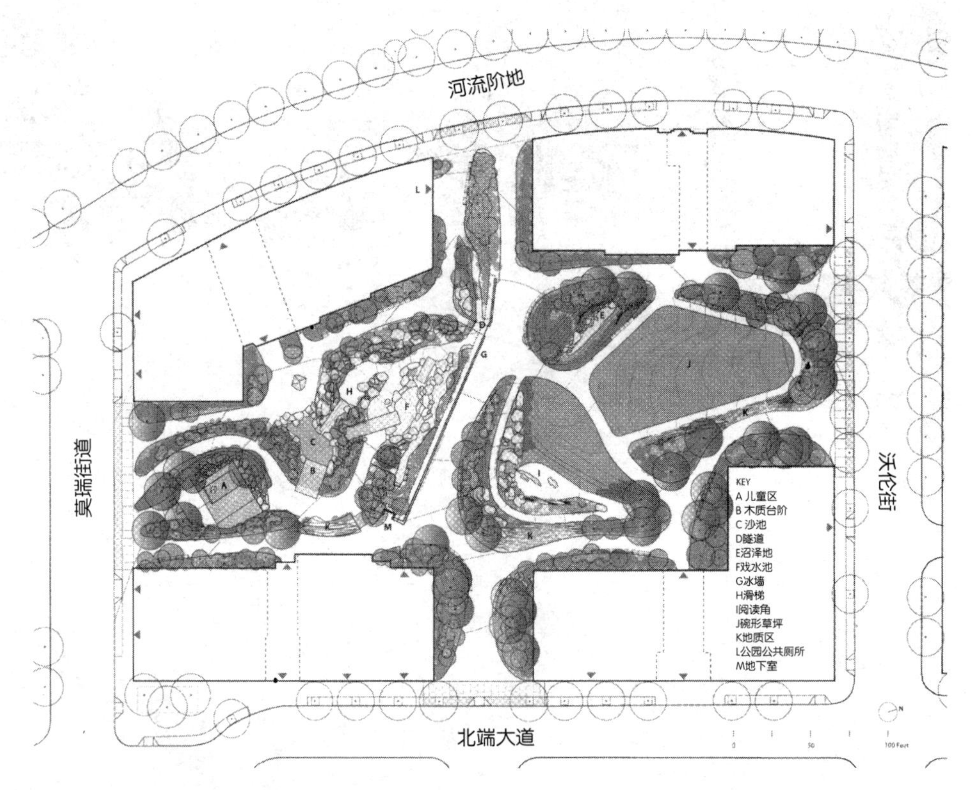

图16.21 平面图

图片来自MVVA景观设计事务所

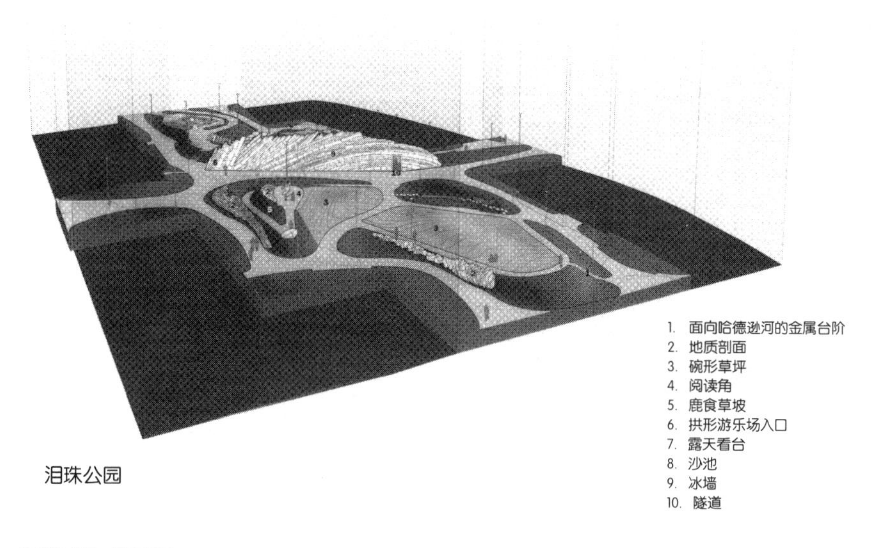

图16.22 平面图

图片来自MVVA景观设计事务所

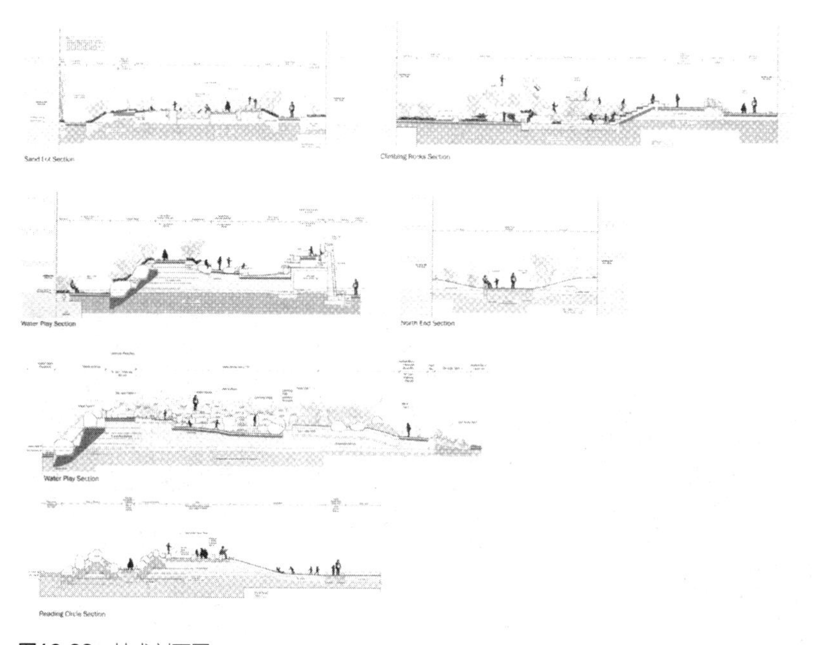

图16.23 技术剖面图

图片来自MVVA景观设计事务所

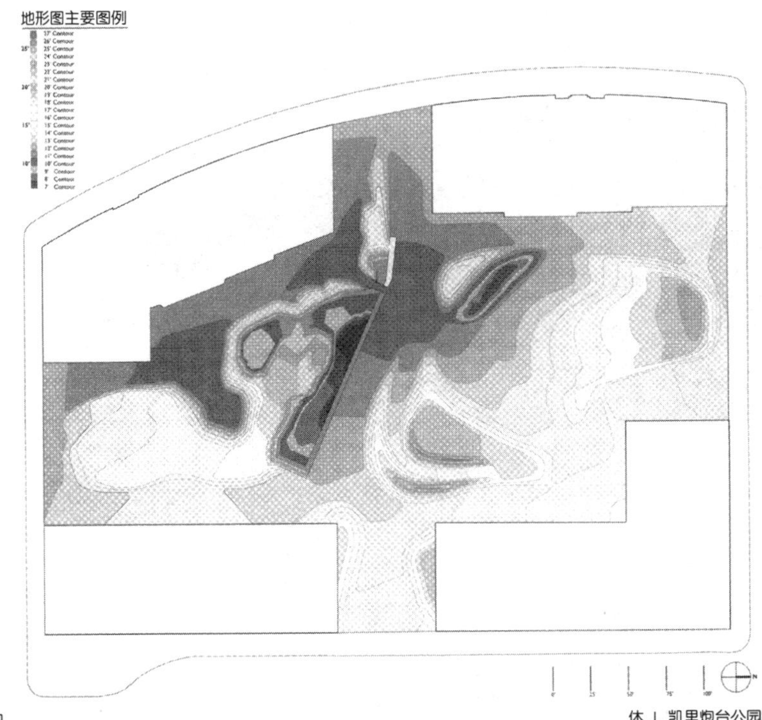

地形图　　休. L. 凯里炮台公园城市管理局

泪珠公园、炮台公园城市　　MVVA景观事务所

图16.24 立面图

图片来自MVVA景观设计事务所

图16.25 中央草地

图16.26 儿童娱乐环境

项目：康涅狄格水处理设施　纽黑文市　康涅狄格州

位于纽黑文市郊区的水处理设施是康涅狄格州中南部区域水务局的备用水源。它从附近的惠特尼湖取水，该湖位于米尔河流域的尽头。该项目的预算非常有限，它提高了市政基础设施设计的门槛。该项目采用了自恢复生态学和生物工程学的一些技术，将其所在区域的流域形态——从山中源头直到下游水库，“移天缩地”地融入场地景观，形成了一个内容丰富、人性化程度高的场所，以其流水吸引着周边社区居民来此游憩探索，如图16.27 ~ 图16.29所示。

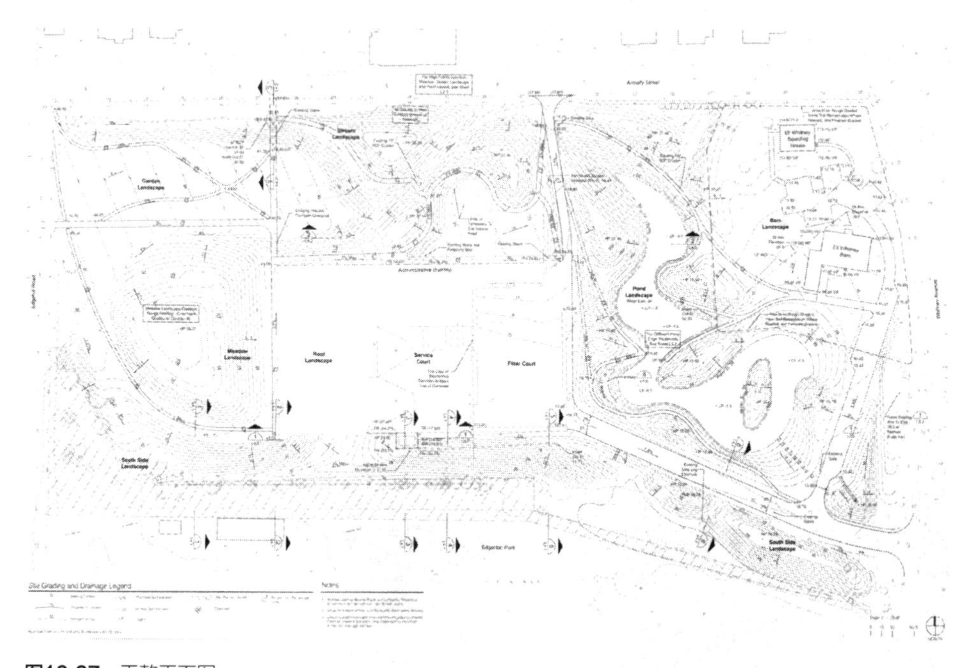

图16.27　平整平面图

图片来自MVVA景观设计事务所

协同景观策略将70%
的建筑置于地下

建筑开挖产生的4万立方
码的土壤创造了新的地貌

地形利用自然水文过程改
善水质

多样化景观使小区增加了
社区舒适性

1 早先存在的湿地
2 湖
3 小岛
4 半岛
5 海滩
6 山峡
7 峡谷和小溪
8 农业园林
9 山和间歇性河流

图16.28 雨水处理系统示意图
图片来自MVVA景观设计事务所

图16.29 小径蜿蜒贯穿建设区中，建筑入口前的风景让人遐想无限
图片来自MVVA景观设计事务所

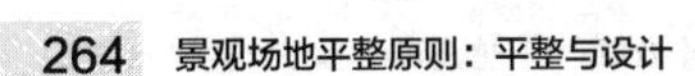

户外工作室和谭秉荣建筑事务所

达拉斯　得克萨斯州和华盛顿行政区

项目：东三一校园　塔伦特郡学院区　达拉斯　得克萨斯州

拟建城市校园的细节图包括一个广场和一个公园入口，在提供了场地通道的同时，让游客有机会通过楼梯、坡道或电梯进入校园海拔较低处的人行主道。景观设计师开发了硬景观和软景观相结合的细节图，小而复杂的建筑群中几乎没有直角，主道上有一个优雅的喷泉和一个两层楼高的瀑布。公共空间作为校园的主要组织场地，在周围的邻里和社区间树立了一个受欢迎的形象，如图16.30 ~ 图16.33所示。

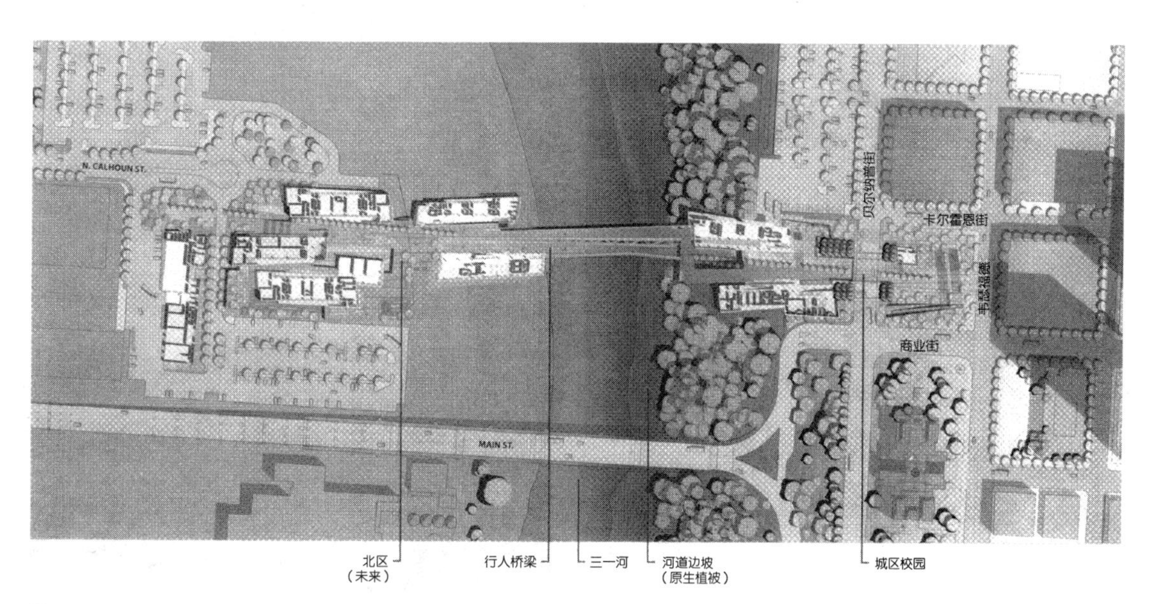

图16.30　图片来自户外工作室

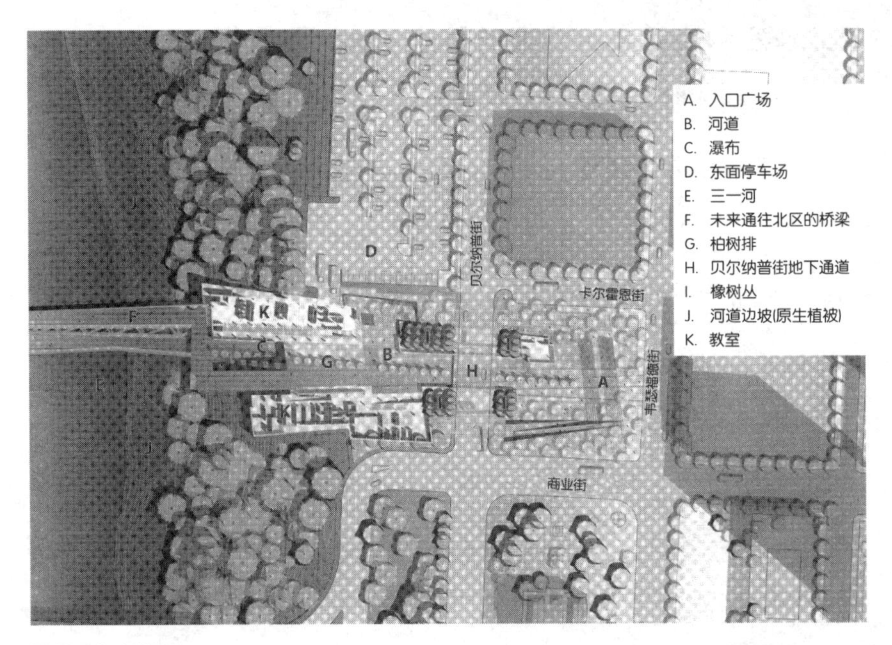

图16.31 平面图

图片来自户外工作室

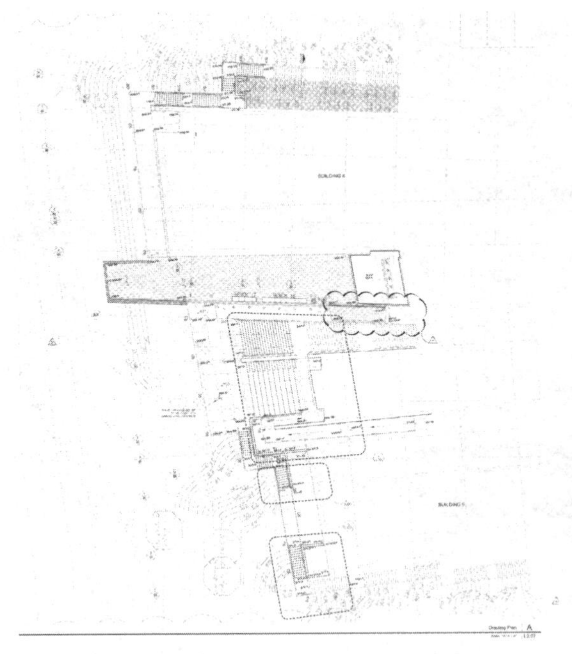

图16.32 平整平面图

图片来自户外工作室

图16.33 透视图

图片来自户外工作室

户外工作室

达拉斯　得克萨斯州

项目：雷德山公园　犹他大学　盐湖城

雷德山公园保护区总体规划为游客提供了路线图，游客可以根据路线图爬上陡峭的山坡并前往采石场。该场地为周围的山地景观提供了壮观的景色。该项目的规划意图是在干旱气候下保护园艺，主要目标包括扩大教育项目空间、增加游客目的地、传播水资源保护信息，并宣传美丽的犹他本土植物群。场地平整作为一个物理框架，整合陡峭地形上的植物，通道蜿蜒于其中，同时路边还有各种用于展示的花园，如图16.34和图16.35所示。

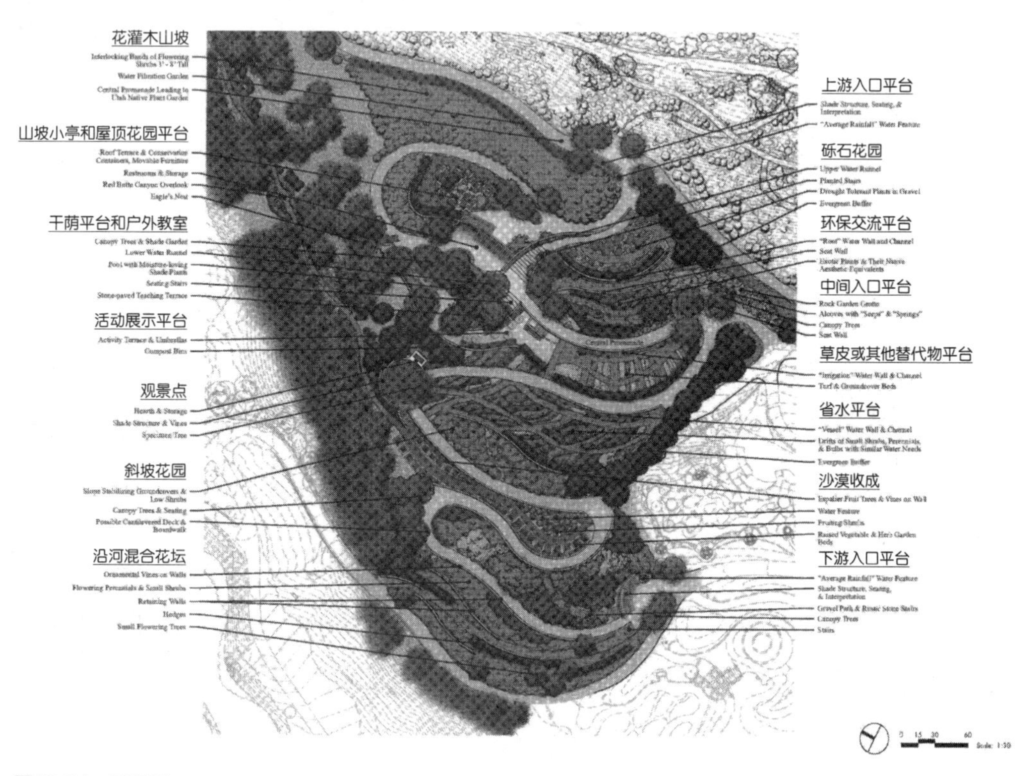

图16.34　平面图

图片来自户外工作室

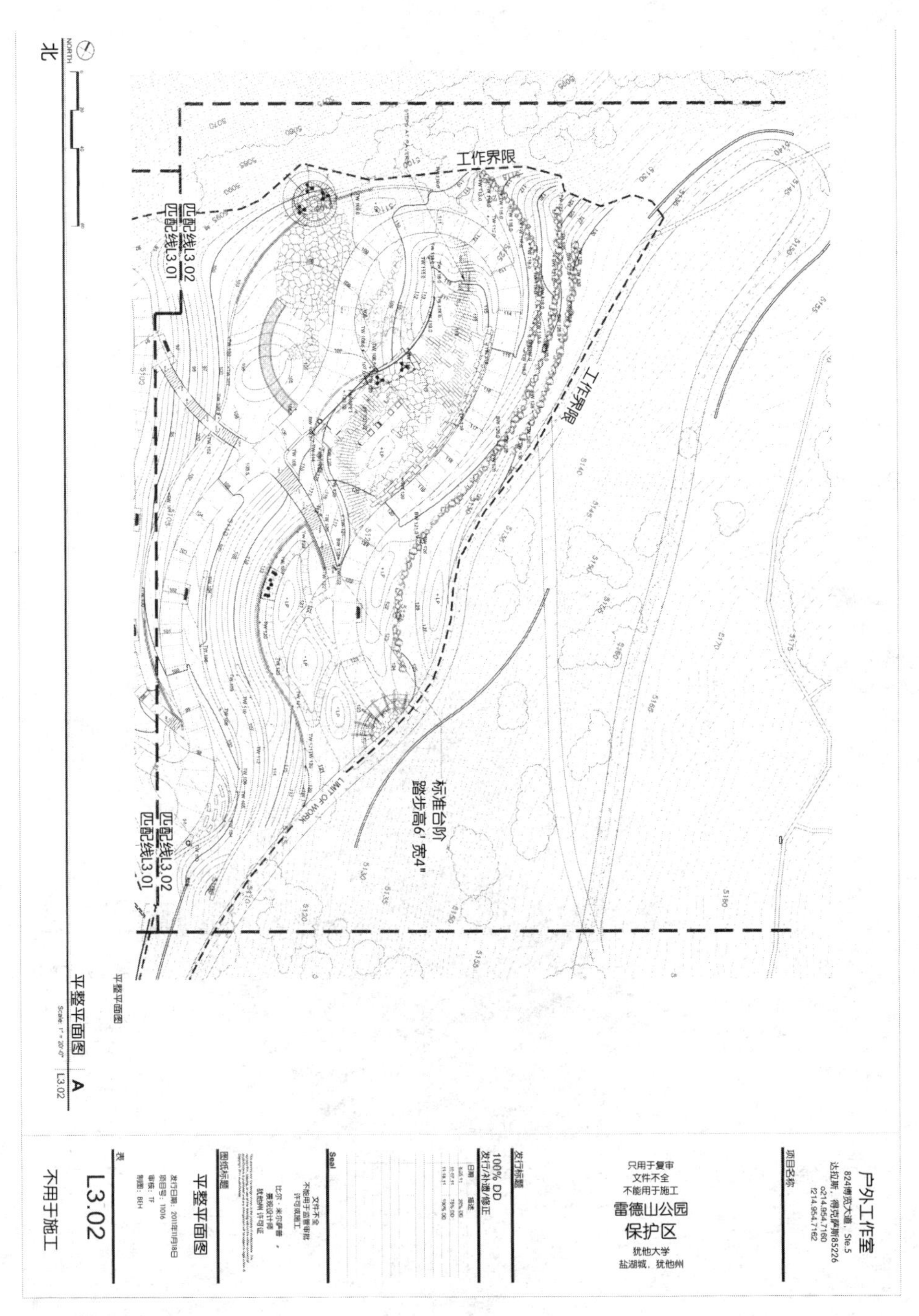

图16.35 平整平面图

图片来自户外工作室

SWA集团

休斯敦　得克萨斯州

项目：布法罗河湾公园　休斯敦　得克萨斯州

布法罗河湾公园是将滨水工业景观改造为城市湿地的示范工程。该项目将城市径流引到一系列湿地，水流流至海湾前，会去除细菌、营养和水流中的有毒物质。该项目包括停车场、人行道、湿地、小山坡、栈道和再造林。该项目的基本目标是建立一个工作湿地系统，改善当地水质，并用作居民的教学场地。该项目场地的填补平衡，如图16.36和图16.37所示。

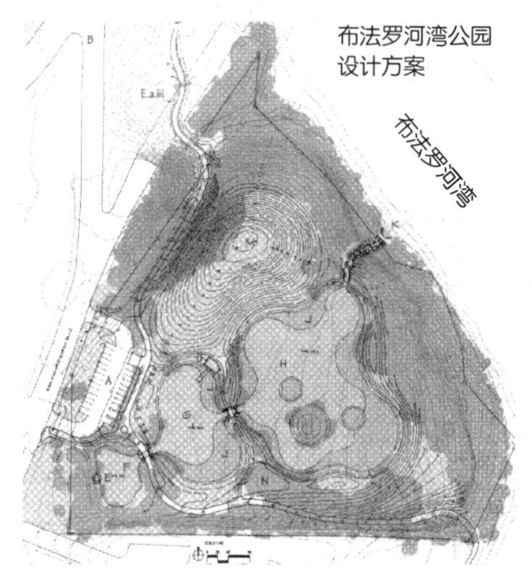

图16.36　场地平整示例
图片来自SWA集团

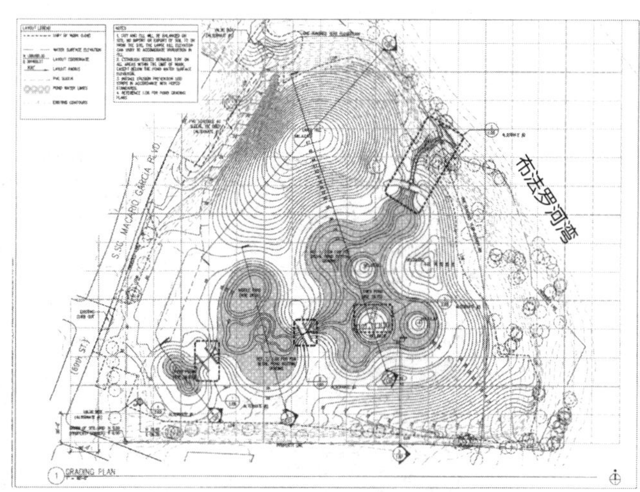

图16.37　初步场地规划
图片来自SWA集团

欧林景观事务所

宾夕法尼亚　费城

项目：华盛顿纪念碑　华盛顿特区

华盛顿纪念碑位于华盛顿行政区，是美国的标志性露天广场，占地72英亩，是每年为数百万人提供示威、庆祝、娱乐和休闲的公共场所。在“9·11”之后，因为需要升级外部安全，其设立了设计邀请赛。欧林景观事务所脱颖而出，它的设计完美地解决了安全问题，而且成功地改善了景观。复兴后的华盛顿纪念碑公园在国家广场的大背景下完美地诠释了场地和身份特征，同时，这个远近闻名的场所也展示了景观设计的艺术手法。该设计创意大胆且思路清晰，以最简单的方案，将一个初衷为防御恐怖袭击而受资助的项目成功地转换为壮观的市政设施，如图16.38～图16.40所示。

图16.38　场地设计示意图

图片来自欧林景观事务所

图16.39 初步平整平面图
图片来自欧林景观事务所

图16.40 华盛顿纪念碑
图片来自欧林景观事务所

莫罗·马龙·威尔金森·米勒有限公司（Morrow Reardon Wilkinson Miller，MRWM）

阿尔伯克基　新墨西哥州

项目：阿拉莫萨滑板公园　阿尔伯克基　新墨西哥州

阿拉莫萨滑板公园项目于2004年被批准施工，成为阿尔伯克基第二大地面滑板公园。为了给城市中的人们提供滑板运动的机会，西区被设计成一个以滑板为主的公园。因为城市中禁止滑滑板，而阿尔伯克基这个城市具有世界著名的旱谷和场地特色，所以才建立以滑板为特色的公园。阿拉莫萨滑板公园是专为滑板、轮滑，以及各种技能水平的小轮车越野赛准备的。

阿拉莫萨滑板公园由两个不同的主要区域组成，即管道和碗槽。管道是线性流动区域，综合了各种组合和用途的坡岸、墙面、台阶和杆子。大多数管道都是用砖砌的，中央广场是用混凝土浇筑的。这一地区的线性安排灵感来自阿尔伯克基的旱谷排水，它允许用户沿线骑行或在某个特定的区域骑行。它的设计将用户分散到各处而不会聚集在公园中央，如图16.41 ~ 图16.43所示。

图16.41　场地设计示例
图片来自MRWM

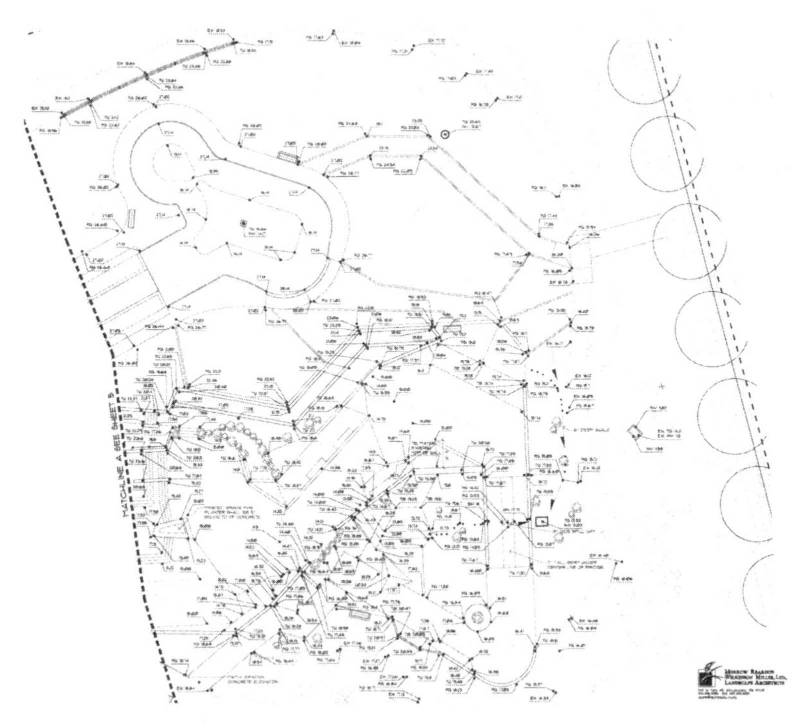

图16.42 场地平整平面图

图片来自MRWM

图16.43 阿拉莫萨滑板公园呈现雕塑般的感觉，给用户带来挑战

图片来自MRWM

设计工作坊（Design Workshop）

阿斯彭　科罗拉多

项目：破晓居民社区　南约旦　犹他

破晓居民社区是一个遵循创新和可持续设计原则设计的模范社区。从设计到施工，设计工作坊担任团队成员的顾问。设计工作坊为项目开发设计指南，创建了一个提供全方位的服务和舒适感、具有多种用途、适于步行的社区，该社区包括各种规模的公民、商业、住宅和娱乐场所。该设计指南涉及路权、障碍、建筑、街道、绿化、停车场。所有项目都符合美国绿色建筑认证（LEED）的要求，如图16.44 ~ 图16.47所示。

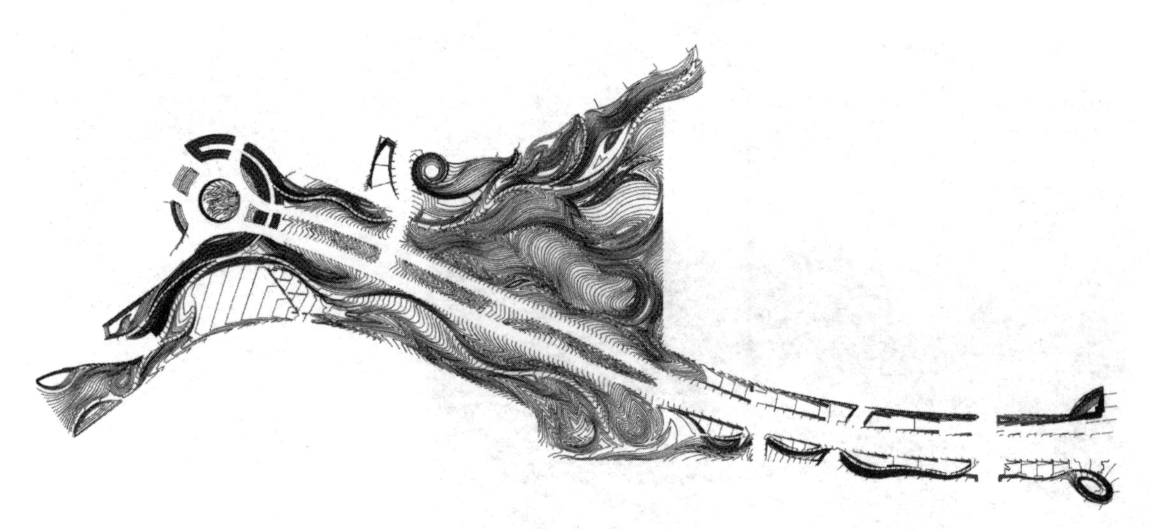

图16.44　场地平整示意图

图片来自设计工作坊

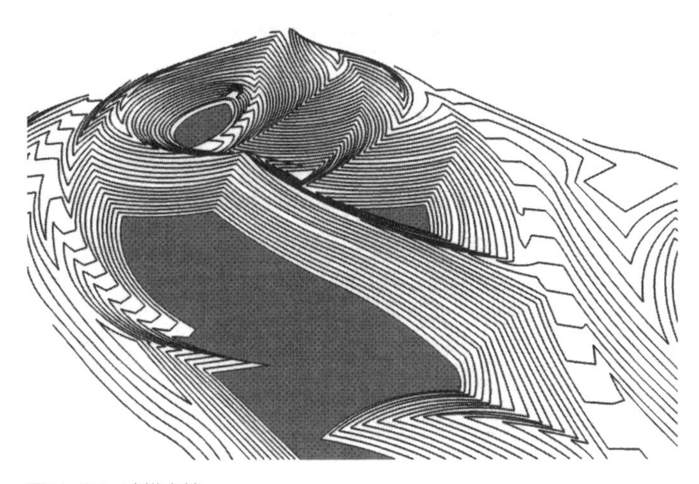

图16.45 建模文档
图片来自设计工作坊

图16.46 场地全景呈现雕塑般的地形
图片来自设计工作坊

图16.47 人行道和桥梁
图片来自设计工作坊

项目：皮马社区学院　西北校区　图森　亚利桑那州

皮马社区学院的西北校区占地60英亩，是分阶段实施的。完成后校园设有纪念堂、个性化的建筑和具有索诺拉沙漠地区特色的景观，如图16.48～图16.51所示。

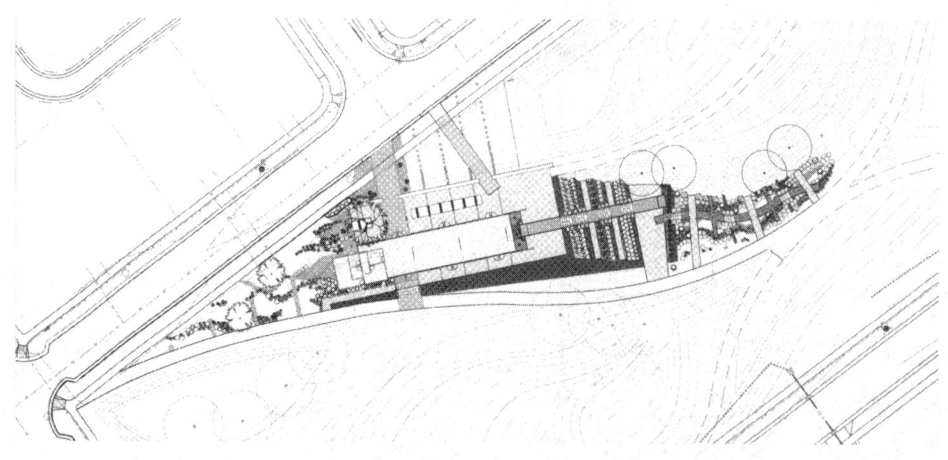

图16.48　场地设计图例
图片来自设计工作坊

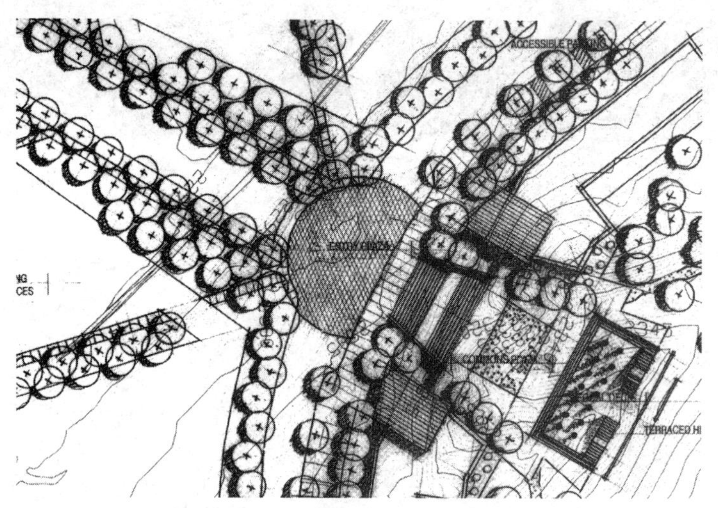

图16.49　细节方案设计图
图片来自设计工作坊

图16.50 内部通道
图片来自设计工作坊

图16.51 内部通道结合台阶的地形
图片来自设计工作坊

附录A　米制单位换算表

物理量	英制单位	米制单位	符号	换算关系
长度	英里（mile）	千米	km	1 mile = 1.609 km
	码（yd）	米	m	1 yd = 0.9144 m
	英尺（ft）	米	m	1 ft = 0.3408 m
		毫米	mm	1 ft = 304.8 mm
	英寸（in）	毫米	mm	1 in = 25.4 mm
面积	平方英里（$mile^2$）	平方千米	km^2	1 $mile^2$ = 2.590 km^2
	英亩（acre）	平方米	m^2	1 acre = 4046.9 m^2
	平方码（yd^2）	平方米	m^2	1 yd^2 = 0.8361 m^2
	平方英尺（ft^2）	平方米	m^2	1 ft^2 = 0.0929 m^2
		平方厘米	cm^2	1 ft^2 = 929.03 cm^2
	平方英寸（in^2）	平方厘米	cm^2	1 in^2 = 6.452 cm^2
体积	立方码（yd^3）	立方米	m^3	1 yd^3 = 0.7646 m^3
	立方英尺（ft^3）	立方米	m^3	1 ft^3 = 0.02832 m^3
		升	L	1 ft^3 =28.32 L（1000 L=1 m^3）
		立方分米	dm^3	1 ft^3 =28.32 dm^3（1 L=1 dm^3）
	立方英寸（in^3）	立方毫米	mm^3	1 in^3 = 16 390 mm^3
		立方厘米	cm^3	1 in^3 =16.39 cm^3
		毫升	mL	1 in^3 = 16.39 mL
		升	L	1 in^3 = 0.016 39 L